全国渔业船员培训统编教材

农业部渔业渔政管理局 组编

内陆船舶驾驶

（内陆渔业船舶驾驶人员适用）

胡永生 杨 春 主编

中国农业出版社

图书在版编目（CIP）数据

内陆船舶驾驶：内陆渔业船舶驾驶人员适用 / 胡永生，杨春主编 . —北京：中国农业出版社，2017.3
全国渔业船员培训统编教材
ISBN 978 - 7 - 109 - 22633 - 3

Ⅰ. ①内… Ⅱ. ①胡… ②杨… Ⅲ. ①渔船-内河航行-船舶驾驶-技术培训-教材 Ⅳ. ①U674.4②U675.5

中国版本图书馆 CIP 数据核字（2017）第 009551 号

中国农业出版社出版
（北京市朝阳区麦子店街 18 号楼）
（邮政编码 100125）
策划编辑 郑 珂 黄向阳
文字编辑 宋美仙
———————————————
三河市君旺印务有限公司印刷 新华书店北京发行所发行
2017 年 3 月第 1 版 2017 年 3 月河北第 1 次印刷
———————————————
开本：700mm×1000mm 1/16 印张：9.75
字数：145 千字
定价：42.00 元
（凡本版图书出现印刷、装订错误，请向出版社发行部调换）

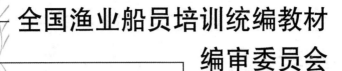

全国渔业船员培训统编教材
编审委员会

全国渔业船员培训统编教材
编辑委员会

主　编　刘新中

副主编　朱宝颖

编　委（按姓氏笔画排序）

丁图强	王希兵	王启友
艾万政	任德夫	刘黎明
严华平	苏晓飞	杜清健
李　昕	李万国	李劲松
杨　春	杨九明	杨建军
吴明欣	沈千军	宋来军
宋耀华	张小梅	张金高
张福祥	陈发义	陈庆义
陈柏桦	陈锦淘	陈耀中
郑　珂	郑阿钦	单海校
赵德忠	胡　振	胡永生
姚智慧	顾惠鹤	徐丛政
郭江荣	郭瑞莲	葛　坤
韩忠学	谢加洪	赫大江
潘建忠	戴烨飞	

内陆船舶驾驶

（内陆渔业船舶驾驶人员适用）

编写委员会

主　编　胡永生　杨　春

编　者　胡永生　杨　春　王春雷

　　　　徐　春　储　恺

安全生产事关人民福祉，事关经济社会发展大局。近年来，我国渔业经济持续较快发展，渔业安全形势总体稳定，为保障国家粮食安全、促进农渔民增收和经济社会发展作出了重要贡献。"十三五"是我国全面建成小康社会的关键时期，也是渔业实现转型升级的重要时期，随着渔业供给侧结构性改革的深入推进，对渔业生产安全工作提出新的要求。

高素质的渔业船员队伍是实现渔业安全生产和渔业经济持续健康发展的重要基础。但当前我国渔民安全生产意识薄弱、技能不足等一些影响和制约渔业安全生产的问题仍然突出，涉外渔业突发事件时有发生，渔业安全生产形势依然严峻。为加强渔业船员管理，维护渔业船员合法权益，保障渔民生命财产安全，推动《中华人民共和国渔业船员管理办法》实施，农业部渔业渔政管理局调集相关省渔港监督管理部门、涉渔高等院校、渔业船员培训机构等各方力量，组织编写了这套"全国渔业船员培训统编教材"系列丛书。

这套教材以农业部渔业船员考试大纲最新要求为基础，同时兼顾渔业船员实际情况，突出需求导向和问题导向，适当调整编写内容，可满足不同文化层次、不同职务船员的差异化需求。围绕理论考试和实操评估分别编制纸质教材和音像教材，注重实操，突出实效。教材图文并茂，直观易懂，辅以小贴士、读一读等延伸阅读，真正做到了让渔民"看得懂、记得住、用得上"。在考试大纲之外增加一册《渔业船舶水上安全事故案例选编》，以真实事故调查报告为基础进行编写，加以评论分析，以进行警示教育，增强学习者的安全意识、守法意识。

相信这套系列丛书的出版将为提高渔民科学文化素质、安全意识和技能以及渔业安全生产水平，起到积极的促进作用。

谨此，对系列丛书的顺利出版表示衷心的祝贺！

农业部副部长

2017 年 1 月

前 言

根据《中华人民共和国渔业船员管理办法》(农业部令2014年第4号)和《农业部办公厅关于印发渔业船员考试大纲的通知》(农办渔〔2014〕54号)中关于渔业船员理论考试和实操评估的要求,以及农业部渔业渔政管理局关于渔业船员培训工作的指示精神,新的渔业船员培训将全面推行理论与实操评估相结合,强化渔业船员实际操作水平的培训与考试。

为适应渔业船员培训新要求,规范渔业船员培训内容,指导和帮助渔业船员进行适任考试前的培训和学习,江苏渔港监督局组织具有丰富教学、培训经验的专家编写了《内陆船舶驾驶(内陆渔业船舶驾驶人员适用)》一书。本书在编写过程中,力求注重以下几方面:一是紧扣大纲,全面涵盖考试大纲要求的内容;二是难度适中,兼顾考试大纲要求与渔业船员文化、年龄层次等实际状况;三是注重实操,围绕生产实际,力求做到通俗易懂;四是图文并茂,采用大量的图片,直观明了,便于船员理解和掌握。

本书分为三篇共九章,由胡永生、杨春主编并统稿,具体分工为:第一篇渔船驾驶,由王春雷编写;第二篇船舶避碰,由徐春编写;第三篇船舶管理,由储恺编写。

由于编者水平有限、时间仓促,书中难免存在疏误或不妥之处,恳请专家、同仁和读者多提宝贵意见和建议,以便及时修订。

本书在编写、出版工作中,得到了农业部渔业渔政管理局、湖北省农业委员会、湖北交通职业技术学院以及辽宁、山东、浙江等省份渔港监督管理机构、渔业船员培训机构的关心和大力支持,特致谢意。

编 者

2017年1月

目 录

第一篇　渔船驾驶

第二篇　避碰规则

第三篇　船舶管理

第一篇
渔 船 驾 驶

第一章　航道与气象

第一节　内河航道

内河航道是内河水道中具有一定深度、宽度、弯曲半径和净空高度，能供船舶安全航行的水域，包括河流、湖泊、水库内的航道以及运河和通航渠道等。

一、内河航道的分类

我国江河湖泊众多，航道流经的地质条件和水量补给等因素差异较大，各地经济、技术发展、航道建设和管理也不同，航道分类的方法有很多种，在此介绍两种分类方法。

（一）按通航限制条件分类

1. 单行航道

单行航道是指同一时间只能供船舶沿一个方向行驶，不得追越或在行进中会让的航道，又称为单线航道。

2. 双行航道

双行航道是指同一时间允许船舶对驶、并行或追越的航道，又称为双线航道或双向航道。

3. 限制性航道

限制性航道是指由于水面狭窄、断面系数小等原因，对船舶航行有明显的限制作用的航道，包括运河、通航渠道、狭窄的设闸航道、水网地区的狭窄航道，以及具有上述特征的滩险航道等。

（二）按通航船舶类别分类

1. 内河船航道

内河船航道指只能供内河船舶或船队通航的内河航道。

2. 海船进江航道

海船进江航道指内河航道中可供进江海船航行的航道，其航线一般通过增设专门的标志辅以必要的海船进江航行指南之类的文件加以明确。

3. 主航道

主航道指供多数尺度较大的标准船舶或船队航行的航道。

4. 副航道

副航道指为分流部分尺度较小的船舶或船队而另行增辟的航道。

5. 缓流航道

缓流航道指为上行船舶能利用缓流航行而开辟的航道，这种航道一般都靠近凸岸边滩。

6. 短捷航道

短捷航道指分汊河道上开辟的较主航道航程短的航道，这种航道一般都位于可在中洪水期通航的支汊内。

二、航道尺度

航道尺度指一定水位下航道的深度、宽度、弯曲半径和通航净空高度的总称，如图 1-1 所示。

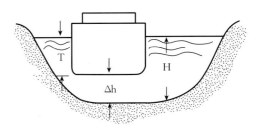

图 1-1　航道尺度示意图

H. 航道深度　T. 船舶最大吃水　Δh. 富裕水深

三、航道等级

《内河通航标准》将通航载质量 50～3 000 t 级船舶的航道依次分级为七级，如表 1-1 所示。

表 1-1　航道等级划分

航道等级	I	II	III	IV	V	VI	VII
船舶吨位	≥3 000	2 000	1 000	500	300	100	50

注：船舶吨级按船舶设计载重吨确定。

第二节　内河助航标志

一、内河助航标志的概念

内河助航标志（以下简称内河航标）是反映航道尺度、确定航道方向、标志航道界限、引导船舶安全航行的标志（图 1-2）。

驾驶人员必须熟悉航道及航标，正确利用航标来判定和校正船位，确保船舶安全航行。

图 1-2　内河助航标示例

二、内河航标的种类

现行的内河航标标准是国家技术监督局（现为国家质量监督检验检疫总局）1993 年 12 月 4 日批准，1994 年 9 月 1 日实施的 GB 5863—1993《内河助航标志》，其引用 GB 5864—1986《内河助航标志的主要外形尺寸》。内河航标按功能可分为航行标志、信号标志、专用标志三类。

（一）航行标志

航行标志是指示航道方向、界限与碍航物的标志。包括过河标、沿岸标、导标、过渡导标、首尾导标、侧面标、左右通航标、示位标、泛滥标及桥涵标等 10 种。

1. 过河标

（1）**功能**　标示过河航道的起点或终点。指示由对岸驶来的船舶在接近标志时沿着本岸航行；或指示沿本岸驶来的船舶在接近标志时转向驶往对岸。也可设在上、下方过河航道在本岸的交点处，指示由对岸驶来的船舶在接近标志时再驶往对岸，如图 1-3 所示。

（2）**形状**　标杆上端装正方形顶标两块，分别面向上、下方航道。

（3）**颜色**　左岸顶标为白色，标杆为黑白色相间横纹；右岸顶标为红色，标杆为红白色相间横纹。

（4）灯质　左岸：白色，莫尔斯信号"A"闪光（·—）；右岸：白色，莫尔斯信号"N"闪光（·—）。或左岸：白色，莫尔斯信号"M"闪光（——）；右岸：白色，莫尔斯信号"D"闪光（—·）。

2. 沿岸标

（1）功能　标示沿岸航道的方向，指示船舶继续沿着本岸航行，如图1-4所示。

（2）形状　标杆上端装球形顶标一个。

（3）颜色　左岸顶标为白色或黑色，标杆为黑白色相间横纹；右岸顶标为红色，标杆为红白色相间横纹。

（4）灯质　左岸为绿色或白色单闪光，右岸为红色单闪光。

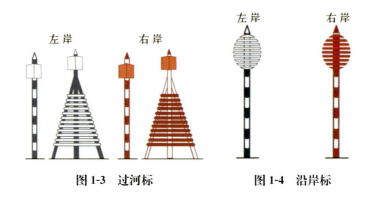

图1-3　过河标　　　　图1-4　沿岸标

3. 导标

（1）功能　由前后两座标志所构成的导线标示航道的方向，指示船舶沿该导线标示的航道航行，如图1-5所示。

（2）形状　前后两座标志的标杆上端各装正方形顶标一块，顶标均面向航道方向。如导线标示的航道过长以致标志不够明显时，可在标杆前加装梯形牌。梯形牌面向所示的航道方向。

在导线标示的航道内应使船舶白天看到的前标比后标略低，夜间保持后标灯光不被前标遮蔽。前后两标的高差及间距应与导线标示的航道长度相适应，以保持导标的灵敏度。

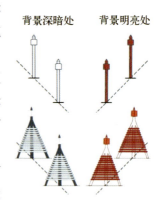

图1-5　导　标

如设标地点坡度较陡，前后两标志高差过大时，可在两标连线之间加设一座形状相同的标志。

（3）**颜色**　按背景的明、暗确定顶标、标杆和梯形牌的颜色，背景明亮处均为红色（黑色），背景深暗处均为白色。红色（黑色）梯形牌中央一道竖条为白色，白色梯形牌中央一道竖条为黑色（红色）。

（4）**灯质**　前、后标均为白色单面定光，如背景灯光复杂，用白光容易混淆时，可用红色单面定光。

4. 过渡导标

（1）**功能**　由前后两座标志组成，标示一方为导线标示的导线航道，另一方为沿岸航道或过河航道，指示沿导线标示的航道驶来的船舶在接近标志时驶入沿岸航道或过河航道；同样也指示有沿岸航道或过河航道驶来的船舶在接近标志时驶入导线标示的航道，如图1-6所示。

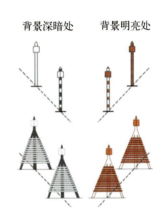

背景深暗处　　背景明亮处

图1-6　过渡导标

（2）**形状**　前标与过河标相同，后标与导标相同。前标的一块顶标与后标的顶标组成导线，前标的另一块顶标面向另一条航道方向。如导线标示的航道过长以致标志不够明显时，可以在标杆前加装梯形牌，梯形牌面向所标示的航道方向。

（3）**颜色**　前标的标杆和梯形的颜色与过河标相同，面向导线标示的航道的前标顶标与后标顶标的颜色相同，另一块前标顶标的颜色与过河标相同；后标的颜色与导标相同。

（4）**灯质**　前标左岸为白色（绿色）双闪光（顿光），右岸为红色（白色）双闪光（顿光）。后标左岸为白色（绿色）定光，右岸为红色（白色）定光。前、后标的光色须一致。特殊需要时，前标也可用定光。

5. 首尾导标

（1）**功能**　由前后鼎立的三座标志组成两条导线分别标示上下方导线的航道方向，指示沿导线标示的航道驶来的船舶在接近标志时转向另一条导线标示的航道，如图1-7所示。

（2）**形状**　三座标志中，一座为共用标，与过河标相同，另两座与导标相同。共用标的两块顶标与另两座标志的顶标分别组成两条导线，面向上、下方导线所标示的航道方向。根据航道条件与河岸地形，共用标可位于另两座标的前方、后方、左侧或右侧。如导线标示的航道过长以致标志不够明显时，可以在标杆前加装梯形牌，面向导线所标示的航道方向。

（3）**颜色** 共用标的标杆和梯形牌的颜色与过河标相同，顶标颜色与导标相同，另两座标志的颜色与导标相同。

（4）**灯质** 共用标的灯质与过渡导标的前标灯质相同，另两座标的灯质与过渡导标的后标灯质相同，但同一导线的前、后标的光色须一致。特殊需要时，各标都可用定光。

6. 侧面标

（1）**功能** 设在浅滩、礁石、沉船或其他碍航物靠近航道一侧，标志航道的侧面界限；设在水网地区优良航道两岸时，标示岸形、突嘴或不通航的汊港，如图 1-8 所示。

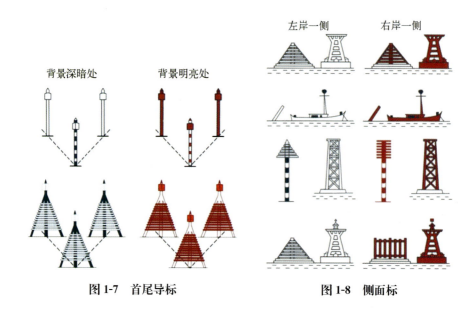

图 1-7　首尾导标　　　　图 1-8　侧面标

（2）**形状** 有浮标和灯桩两种。浮标可采用柱形、锥形、罐形、杆形或灯船；灯桩可采用框架形或杆形。

（3）**颜色** 左岸一侧为白色或黑色，杆形灯桩的标杆为黑白色相间横纹；右岸一侧为红色，杆形灯桩的标杆为红白色相间横纹。灯船的球形顶标均为黑色。

（4）**灯质** 左岸为绿色或白色单、双闪光，右岸为红色单、双闪光。

7. 左右通航标

（1）功能　设在航道中个别河心碍航物或航道分汊处，标示该标两侧都是通航航道，如图 1-9 所示。

（2）形状　浮标可采用柱形、锥形或灯船，灯桩可采用柱形。

（3）颜色　标体每面的中线两侧分别为红色和白色。

（4）灯质　绿色或白色三闪光。

8. 示位标

（1）功能　设在湖泊、水库、水网地区或其他宽阔水域，标示岛屿、浅滩、礁石及通航河口等特定位置，供船舶定位或确定航向，如图 1-10 所示。

图 1-9　左右通航标　　　　图 1-10　示位标

（2）形状　各种形状的塔形体。

（3）颜色　可根据背景采用白、黑、红色或白、黑（红）色相同非垂直条纹。设在通航河口处，须与"左白右红"原则一致。

（4）灯质　白色、绿色或红色莫尔斯信号闪光，但不得同其他种类标志的灯质相混淆。标志通航河口的示位标优先选用：左岸白色（绿色）莫尔斯信号"H"（····）闪光；右岸红色莫尔斯信号"H"（····）闪光。

9. 泛滥标

（1）功能　设在被洪水淹没的河岸或岛屿靠近航道一侧，标示岸线或岛屿的轮廓，如图 1-11 所示。

（2）形状　标杆上端装截锥体顶标一个，也可以安装在具有浮力的底座上作为浮标设置。

（3）颜色　左岸：白色（黑色），右岸：红色。

（4）灯质　左岸绿色（白色），定光；右岸红

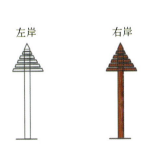

图 1-11　泛滥标

色，定光。弯曲河段朝岸上一面的灯光应予遮蔽。

10. 桥涵标

（1）**功能** 设在通航桥孔迎船一面的桥梁中央，标示船舶通航桥孔的位置。

（2）**形状** 正方形标牌表示通航桥孔，如图 1-12 所示。

多孔通航的桥梁，正方形标牌表示大轮通航的桥孔，圆形标牌表示小轮（包括非机动船人工流放排筏）通航的桥孔。

（3）**颜色** 正方形标牌为红色，圆形标牌为白色。

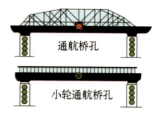

图 1-12 桥涵标

（4）**灯质** 通航桥孔（或大轮通航桥孔）为红色单面定光，小轮（包括非机动船人工流放排筏）通航桥孔为绿色单面定光。

（二）信号标志

信号标志是揭示有关航道信息的标志，包括通行信号标、鸣笛标、界限标、水深信号标、横流标及节制闸标 6 种，如图 1-13 所示。

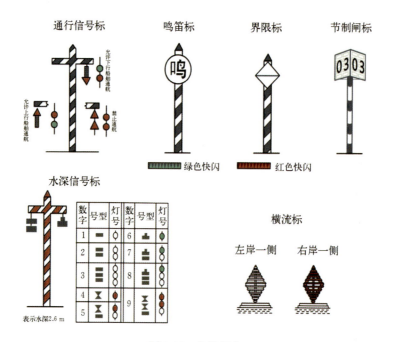

图 1-13 信号标志

1. 通行信号标

通行信号标设在上、下行船舶相互看不到之处，同向并驶或对驶有危险的狭窄、急弯航段或单孔通航的桥梁、通航建筑物及施工禁航等需通航控制的河段，利用信号控制上行或下行的船舶单向顺序通航或禁止通航。

2. 鸣笛标

鸣笛标设在通航控制河段或上、下行船舶相互看不到之处的急弯航道的上下游两端河岸上，指示船舶鸣笛。

3. 界限标

界限标设在通航控制河段的上、下游，标示通航控制河段的上、下界限。设在船闸闸室有效长度的两端时，标示闸室内允许船舶安全停靠的界限。

4. 水深信号标

水深信号标由带横桁的标杆和号型组成，横桁与岸平行，将号型组合悬挂在横桁的两侧，其号型和号灯含义见水深信号标图示。从船上看，左边所挂号型（或号灯）表示水深的"米"（m）数，右边所挂号型（或号灯）表示水深的"分米"（dm）数。

5. 横流标

横流标标示航道内有横流，警告船舶注意。

6. 节制闸标

节制闸标设在靠近节制闸上游或上、下游一侧的岸上，也可将灯悬挂于节制闸的上游或上、下游水面上空架空线上，标示前方是节制闸以防止船舶误入发生危险。

（三）专用标志

专用标志为标示沿岸、跨河航道的各种建筑物，或为标示特定水域所设置的标志。专用标志包括管线标及专用浮标两种，如图 1-14 所示。

管线标

水底管线　架空管线

专用浮标

白色　三盏定光
红色　三盏定光
红色　三闪

黄色　单闪
黄色　双闪
黄色　定光

图 1-14　专用标志

第三节　内河交通安全标志

一、内河交通安全标志概述

《内河交通安全标志》（GB 13851）规定了内河交通安全标志的分类、形状和尺寸、字体、颜色和图案、设置原则、安装方式、构造等要求。

《内河交通安全标志》适用于内河通航水域设置的交通安全标志，即中华人民共和国境内的江、河流、湖泊、水库、运河内船舶可以航行的水域及其港口，但我国同其他国家有协议的河流、湖泊的中国管辖水域除外。在河口、海港设置交通安全标志，可以参照此标准。个别地方如因特殊需要，经省、自治区、直辖市交通主管部门批准，并报交通部备案，可以增加个别标志，但不得与《内河交通安全标志》相抵触。

二、内河交通安全标志的分类

（一）主标志

主标志是由图形符号、文字、边框、斜杠、斜线等视觉符号组成的，以图像为主要特征的图形标志。主标志有警告标志、禁令标志、警示标志、指令标志和提示标志 5 种。

1. 警告标志

警告标志是警告注意危险区域或地点的标志，如图 1-15 所示。

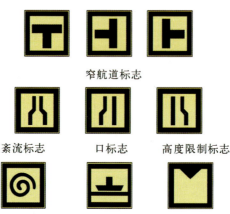

图 1-15　警告标志示例

2. 禁令标志

禁令标志是禁止或限制某种交通行为的标志，分为禁止、解除禁止和限制标志 3 种，如图 1-16 所示。

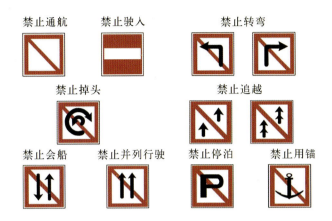

图 1-16 禁令标志示例

3. 警示标志

警示标志是提醒或警告船舶时刻清醒认识所处环境的危险，提高注意力，加强安全操作。警示标志主要有桥梁警示标志和导向标两类。导向标如图 1-17 所示。

图 1-17 导向标

4. 指令标志

指令标志是指令实施某种交通行为的标志，如图 1-18 所示。

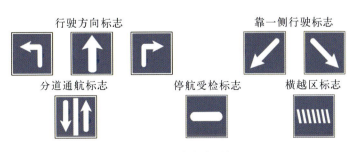

图 1-18 指令标志示例

5. 提示标志

提示标志是传递与交通安全有关的信息的标志，如图 1-19 所示。

图 1-19　提示标志示例

（二）辅助标志

辅助标志不能单独使用，在需要时与主标志组合，是对主标志表达的信息做补充的说明性文字标志。辅助标志可以用来对主标志说明距离、范围、理由、限量、时间、对象等，如图 1-20 所示。

图 1-20　辅助标志示例

第四节　水文要素

水文是影响船舶航行条件的主要因素之一，如河流的流量、水位、汛期、含沙量、结冰期、凌汛、水能等。

一、水位

（一）水位的概念

水位是指河道中某时某地的自由水面至某一基准面的垂直距离，单位用

"米"（m）表示。水位的高低表示河水的涨落。水位随时间、地点和河水的涨落而变化。水位基准面为零值，高于基准面者为正值，低于基准面者为负值，如图 1-21 所示。

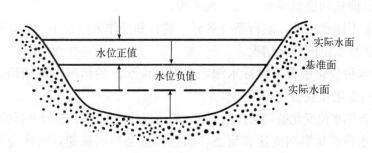

图 1-21　水位基准面示意图

（二）水位期

水位受季节、流量大小变化的影响，在一个周年内呈现有规律的周期性变化，并引起船舶航行条件的改变，所以航道部门及有关单位将一年中的水位变化过程划分为若干个具有代表性的典型水位期，如图 1-22 所示。

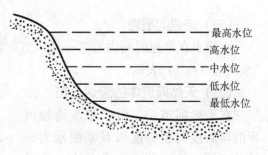

图 1-22　水位期示意图

① 低水位为多年最低水位的平均值，又称枯水位。

② 高水位为多年最高水位的平均值，又称洪水位。

③ 中水位为多年一切水位的平均值。

④ 最高水位为多年观测中所得的实际最高水位。

⑤ 最低水位为多年观测中所得的实际最低水位。

（三）影响水位的因素

影响水位变化的因素有雨、雪、风、潮汐、冰、河槽尺度等。

（四）水位对船舶航行的影响

① 水位变化直接影响航道尺度，特别是航道水深，决定航行船舶的载量和吃水。

a. 枯水期，有良好的岸形凭借，天然标志多；流速慢，不正常水流减少；航道尺度减小，槽窄水浅，礁石外露，船舶会让困难，容易搁浅触礁。

b. 洪水期，航道尺度大，岸坪被淹没，航行中容易失去重要的岸形凭借，人工标志也常漂失移位；流速大，不正常水流增多，航行操作难度大。

c. 中水期，一般来说是航道的黄金期。中水期水位升高，很多礁石上的水深已能达到通航要求，且水流平缓。

由于不同水位期，航行条件各异，航行和操作方法也不一样，驾驶人员应密切注意水位的变化情况。

② 水位变化影响着设标水深，根据水位涨落的情况，还能预计航标可能产生的变化和航槽是否改变。

③ 根据水位变化航路选择也不同，航行操作方法也可能做相应的改变。

④ 水位变化影响流速和流态，而且流速会影响航速，流压会使船位偏移，流态紊乱时会影响船舶操纵，均要采取相应的操作措施。

二、流速

（一）流速的概念

水质点在单位时间内沿某一特定方向移动的水平距离称为流速，单位用"米/秒"（m/s）表示。

（二）天然河流中的流速分布

在天然河道中，由于水流流经河床的倾斜度与粗糙度以及断面水力条件的不同，流速分布十分复杂，几乎都是紊流运动。流速的大小与河流的纵比降、河床的粗糙度、平面形态、风向、风速、冰情及河流水深等有密切关系。图 1-23 为天然河流中的流速平面分布示意图。

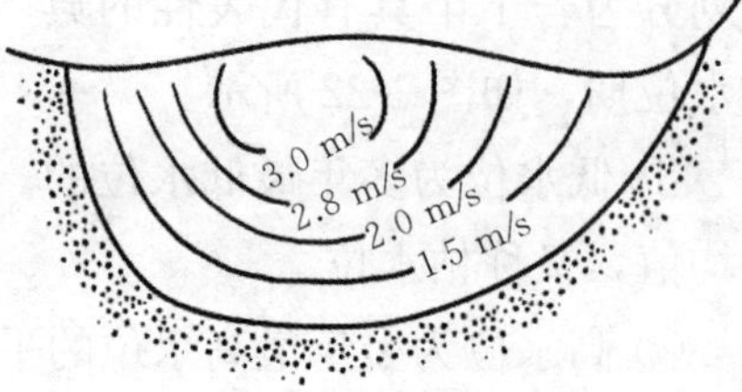

图 1-23　流速的平面分布

（三）流速在不同水位期的分布

① 枯水期，深槽处流速小，浅滩上流速大。

② 洪水期，深槽处流速大，浅滩上流速小。

三、流向

水流质点的水平运动方向称流向。河槽中的水流方向是随河槽形态、河底地形及水位的不同而变化的。流向直接影响船舶航行时的船位、航向的偏摆及船舶的操纵。驾驶人员必须会辨认流向和掌握所处的水文特性，操纵船舶，确保航行安全，即"看水走船"。

四、流量

（一）流量的概念

单位时间内通过河槽某过水断面的水量称流量，单位用"立方米/小时"（㎥/h）表示。流量按时段不同可分为瞬时流量、日平均流量、年平均流量等。

（二）流量与水位的关系

河流水位的变化主要取决于流量的增减，在同一断面上通过的流量愈大，水位愈高，反之则愈低。

五、流态

水流运动的形态称流态，通常船舶航行中所指的流态是水流的表面形态，可分为以下几种。

（一）主流

河槽中表层流速较大并决定主要流向的一股水流称主流。

主流是选择航路的主要依据，主流带有宽、窄、弯、直、急、缓等形态，并随河槽形态的变化而变化。在宽阔顺直河段，下行船舶应"认主流，走主流"，上行船舶应"认主流，丢主流"，利用主流以提高航速。在弯曲狭窄河段，主流带随河形弯曲，主流两侧出现横向分速水流扫弯而成强横流，同时出现流势高低。因此，无论上行船，还是下行船都应将航路（航迹线）选择在主流上侧航行，即高流势一侧航行。

（二）缓流

主流两侧流速较缓的水流称缓流。

由于主流带随河槽弯曲而摆动，使两侧的缓流带宽窄不一，且出现强弱不同的横向水流。通常凹岸（或陡岸）一侧缓流较窄，流速稍大，凸岸（或坦岸）一侧缓流较宽，流速较缓、流势较高，上行船可沿这侧缓流航行，以提高航速，提升船位。

（三）回流

水流在流过水中障碍物后会形成一个同主流流向相反的回转倒流的现象称回流，如图 1-24 所示。

回流主要出现在河床突然变窄或放宽河段的上、下游；伸入江中的岸嘴、石梁、江心洲的尾部、急弯河段弯顶端附近、支流汇合口的下方、岸形凹进的沱内、未溢流的丁坝以及桥墩的下游等处。

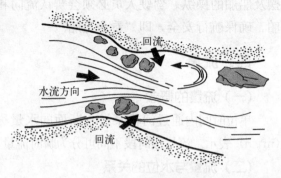

图1-24　回流示意图

回流对船舶航行的影响：

1. 对上行船的影响

上行船舶遇到回流时，应考虑回流区的大小、强弱、流线弯顺、流带宽窄等。对回流面积大、力量弱的回流区，上行船舶应以增大航速，提高船舶的过滩能力。对回流面积小、力量强的回流区，上行船舶应避开航行。

2. 对下行船的影响

在航道条件允许的情况下，下行船舶应避开回流区航行，以提高航速。

（四）横流

水流流向与河槽轴线成一交角、具有横向推力的水流统称为横流，如图1-25所示。

横流具有较强的横推力，对航行中的船舶产生强烈的水动力作用，致使船体局部受力而产生偏转。横流水域大于船长时，会使船舶发生漂移，导致船舶偏离航路出现险情。操纵船舶过程中应充分估计横流

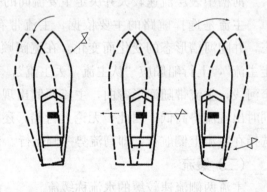

图1-25　横流对船舶航行的影响

的作用力，预先向横流的上方偏转一定的角度为偏航留有余地，使船舶保持在横推力与船舶推进力的合力方向，沿着预定的航线航行。

第五节　气象常识

一、大气结构

大气由各种气体和微粒组成，包括干洁空气、水汽、悬浮微粒。大气层

垂直分为对流层、平流层、中间层、暖层、散逸层 5 个层次，如图 1-26
所示。

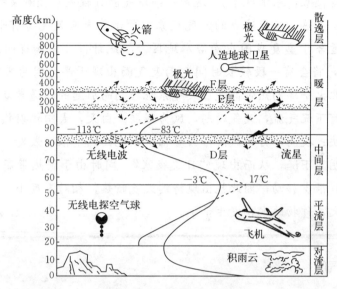

图 1-26 大气的垂直分层

二、气温、气压与湿度

(一) 气温

1. 定义和单位

气温是表示空气冷热程度的物理量。温标有摄氏温标、华氏温标和绝对
温标。

2. 增热和冷却

气温的增热和冷却是通过地面和大气的辐射、对流和传导 3 种传热过程
进行的，以对流为主。

3. 气温的日变化与年变化

气温是经常变化的，一个地方的气温既可出现周期性的日变化和年变
化，也可出现非周期性的变化。

4. 气温与天气

当正常的气温日变化规律遭到明显的破坏时，预示着天气即将变坏；当
气温日变化正常时，预示着天气晴好无雨。船上温度计应悬挂在驾驶室内距
甲板 1.5 m 高、通风良好、不受阳光直照的地方。

读一读

"日暖夜寒，东水也干。"这是一条以气温日较差来预测天气的谚语，意思是白天炎热、夜晚凉爽的天气现象，预示着未来天气将有干旱出现。这条谚语适合于盛夏我国东南沿水地区。据统计，日间和夜间温度相差10℃以上，将会有一段较长时间无雨天气而出现干旱。因为日暖夜寒一般是由西北太平洋副热带高气压天气系统控制而引起的，通常夏季副热带高气压内有下沉气流，天气晴朗，风力微弱。白天，太阳辐射热较强，气温升高很快；夜间，月白风清，云量稀少，地面热量很快散发，近地面气温也随之明显下降，从而出现"日暖夜寒"。同时由于副热带高气压面积很大，而且很少移动，因此就出现持续天气晴热，相对湿度小，土壤、植物蒸发量大，作物缺水，发生干旱。

（二）气压

1. 概念

气压指在每平方厘米面积上空气柱的重量，也就是大气在单位面积上所施加的压力，即压强。常用水银气压表测气压，如图 1-27 所示。

在国际单位制中，气压单位为"帕"(Pa)，也有用水银柱高（mmHg）作为气压单位的，但此为非法定单位。

2. 气压的变化

（1）气压随高度的变化　由于某一高度的气压值等于这个高度处单位面积上所承受的空气柱重量，因此水平面上的气压，比山顶上的气压要大。任何地点的气压值，均随着高度的增加而减小。

（2）气压的日变化　在一天中，气压有两次高值和两次低值。两次高值分别在 10 时和 22 时左右；两次低值分别在 4 时和 16 时左右。

（3）气压的年变化　气压的年变

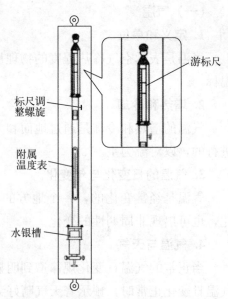

游标尺

标尺调整螺旋

附属温度表

水银槽

图 1-27　水银气压表

化，在中纬度地带最为明显，年较差的值也较大。在大陆上夏季气压最低，冬季气压最高；在海洋上则是夏季气压最高，冬季气压最低。

3. 气压和天气

在一般情况下，气压出现明显升高，天气晴好；相反，气压出现明显下降，天气阴雨。另外气压的猛升和猛降，往往是迅速转晴或转雨的先兆，而气压的平稳下降，往往带来比较缓和的降水。至于气压下降时出现不稳定的跳动现象，往往预示雷雨等剧烈天气即将来临。

（三）湿度

1. 定义及表示方法

湿度是表示空气中水汽含量多少的物理量，常用湿度计测湿度，如图1-28所示。它是决定云、雾、降水等天气现象的重要因子。湿度有不同的表示方法，可分为绝对湿度、饱和湿度、相对湿度和露点。

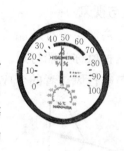

图1-28　湿度计

2. 水汽

水汽由气态变为液态的过程称为凝结。水汽直接变为固态的过程称为凝华。大气中所含的水汽达到饱和或过饱和的状态，一般有两种途径：一种是在一定温度下使水面不断蒸发，以增加大气中的水汽含量；另一种是使含有一定量水汽的大气温度降低到露点。

三、风

（一）风的定义、单位和表示方法

1. 定义

空气相对于地面的水平运动称为风。船上常用风速仪测风向和风速，如图1-29所示。

2. 风力等级

根据我国2012年6月发布的《风力等级》（GB/T 28591）国家标准，依据标准气象观测场10 m高度处的风速大小，将风力依次划分为18个等级。

3. 风速

风速是单位时间内空气在水平方向上移动的距离。表达风速的常用单位有3种，分别为海里/小时（n mile/h）、米/秒（m/s）、千米/小时（km/h），我国台风预报时常用单位为米/秒（m/s）。

4. 风向

风向指风的来向，常用16个方位或圆周方位（0～360°）表示。

5. 风压

风吹过障碍物时，在与风垂直方向单位面积所受到的压力称为风压。

（二）船行风与视风

船舶航行时，会产生一种从船首方向吹来的风，其风向与航向相同，风速与船速相等，这种风称为船行风。航行中的船舶上，用仪器测得的风不是真风，而是真风与航行风二者的合成风，称相对风或视风，如图1-30所示。

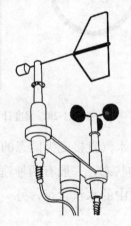

图1-29　船用风速仪

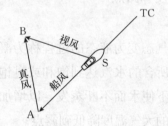

图1-30　船行风与视风示意图

四、气旋

由闭合等压线包围起来的中心气压低，四周气压高的水平空气涡旋，在北半球，风从四周呈逆时针方向向里吹；在南半球，风从四周呈顺时针方向向里吹，这种空气涡旋称为气旋，又叫低气压，简称低压，如图1-31所示。

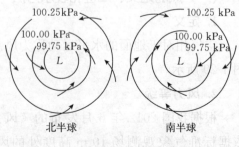

图1-31　低气压

气旋可分为温带气旋和热带气旋。温带气旋可分为锋面气旋、无锋面气旋、热低压和龙卷。

（一）热带气旋

热带气旋，习惯称为台风。它是发生在热带或副热带洋面上的低压涡旋，是一种强大而深厚的热带天气系统。热带气旋通常在热带地区离赤道平均3～5个纬度外的海面（如西北太平洋、北大西洋、印度洋）上形成。热带气旋所经过的地面（或水域），会带来严重的财产损失和人员伤亡，但也能为长时间干旱的沿海地区带来丰沛的雨水。我国受热带气旋影响的主要是东部和南部沿海，5～10月较为频繁。

1. 热带气旋的分级

热带气旋以2 min平均风速为标准可分为：① 热带低压，底层中心附近最大平均风速10.8～17.1 m/s，即风力为6～7级；② 热带风暴，底层中心附近最大平均风速17.2～24.4 m/s，即风力8～9级；③ 强热带风暴，底层中心附近最大平均风速24.5～32.6 m/s，即风力10～11级；④ 台风，底层中心附近最大平均风速32.7～41.4 m/s，即12～13级；⑤ 强台风，底层中心附近最大平均风速41.5～50.9 m/s，即14～15级；⑥ 超强台风，底层中心附近最大平均风速≥51.0 m/s，即16级或以上。图1-32为热带气旋结构示意图。

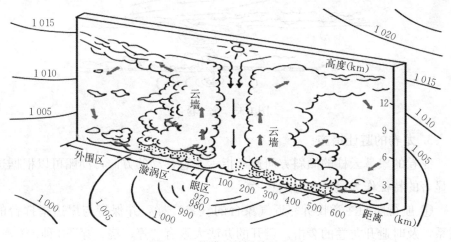

图1-32　热带气旋结构示意图

2. 内陆船舶防台措施

① 注意收听预报。

② 在航船舶应查找沿途锚地和停泊地点，以便随时可就近驶入避风。

③ 作业船舶应尽力争取风来之前作业完毕，否则应停止作业。

④ 做好防台的准备工作。

（二）龙卷

1. 定义

龙卷是一种特殊的低压、破坏力很大的小尺度风暴系统。它常和强烈对流云相伴出现，具有垂直轴的小范围强烈漩涡。大多的龙卷出现在有强烈雷雨时，少数出现在阵雨时，还有个别的出现在未降雨的浓积云底部。当有龙卷出现时，总有一个如同象鼻子一样的漏斗状云柱自对流云底盘而下，有的能触及地面或水面，有的稍伸即隐或悬挂在空中。出现在陆地上的龙卷称为陆龙卷，出现在水面上的称为水龙卷。

2. 特点

龙卷具有水平范围很小、持续时间很短、气压甚低、风力甚强、破坏力极大、移动迅速、路径多为直线等特点。图 1-33 为龙卷示意图。

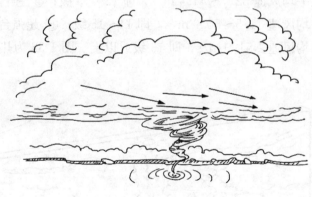

图 1-33　龙　卷

3. 龙卷的避让措施

龙卷的象鼻云柱的倾斜方向通常指示龙卷移动的方向，渔船可以根据这一显著的特征作为避离龙卷的参考。

① 航行船舶注意收听邻近气象台的气象广播，并保持与岸边指挥台的联系，及时避开龙卷的袭击。避开的办法大致有"停、绕、穿"3 种。

停：即滞航，待龙卷过后，再继续航行。

绕：即根据龙卷移动的方向和大风的范围适当改变航线，绕道而行。

穿：即抢在龙卷到来之前迅速穿过。

② 在龙卷移动路径方向上的船舶，应立即全速向两侧驶离，可以有效地避开龙卷的影响。

③ 其他位置的船舶可选择最便捷的航线驶离龙卷中心位置。

五、反气旋

由闭合等压线包围起来的中心气压高，四周气压低的水平空气涡旋，在北半球，风以顺时针方向从中心向外吹；在南半球，风以逆时针方向从中心向外吹，这种空气涡旋称为反气旋，又叫高气压，简称高压，如图 1-34 所示。

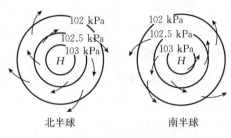

图 1-34　反气旋示意图

由于北极和西伯利亚一带的气温很低，大气的密度大大增加，空气不断收缩下沉，使气压增高，这样，便形成一个势力强大、深厚宽广的冷高压气团。当这个冷性高压势力增强到一定程度时，就会像决了堤的海潮一样，一泻千里，汹涌澎湃地向南方袭来，这就是寒潮。

1. 寒潮标准

长江流域及其以北地区，48 h 内最低气温下降 10 ℃以上，长江中下游最低气温达到 4 ℃或以下，并且陆地上有 3 个区域伴有 5～7 级大风，水上有 3 个水区伴有 6～8 级大风，称为寒潮。

2. 寒潮出现时间

寒潮一般出现在每年的 11 月至翌年 4 月，多在早春和深秋；平均 7～10 d 为一个周期，年平均 4～5 次。

3. 寒潮天气特点

降温、大风、降水和霜冻。

4. 防寒措施

扎雪、扎风、防滑和防冻。

六、雾

雾是由悬浮在近地面空气的水滴或冰晶质点组成的。雾会降低能见度，严重影响船舶的航行和安全。

（一）雾的成因

形成雾的主要原因，是近地面低层空气的冷却。如低层空气气温低，水汽又丰富，便易形成雾。

（二）雾的种类

常见的雾按其产生的途径（成雾条件），可分为下列 4 种。

1. 辐射雾

陆面辐射降温，使近地面的低层空气冷却，进而使水汽达到过饱和而凝结的雾，称为辐射雾。

夜间晴朗、微风、近地层空气中水汽充沛是成雾的 3 个有利条件。内陆地区以秋季和冬季最多。夏季辐射雾比较少见。辐射雾常在夜间生成，清晨最浓，日出后逐渐消散。

2. 平流雾

暖湿空气流经冷的下垫面（水面、陆面等），在下垫面上因水汽发生凝结而形成的雾，称为平流雾，比辐射雾的范围宽广、深厚。

在下垫面上移行的空气暖而湿、气温与下垫面温差大、有风（风力为 2～4 级）是形成平流雾的 3 个条件。

平流雾生雾时间不定，阴天也能生成，可随风飘移。当风力增大、风向改变时，易于消散。

平流雾随时可形成。在夜间，它因辐射冷却而加强，这时的雾，称为平流辐射雾，沿海的内陆地区多见此雾。

3. 蒸发雾

冷空气流到暖水面上时，水面蒸发的水汽遇冷而凝结成的雾，称为蒸发雾（习惯称水雾），其范围小，高度低，厚度薄。

水温高于气温、风力微弱的早晨是形成蒸发雾的有利条件，多出现在江面上。发生的时间多在早晨，持续时间不长，日出后随气温上升而慢慢消散。

4. 山谷雾

夜间冷空气沿山谷谷坡下沉到谷底，与谷底暖湿空气混合，使水汽发生凝结而形成的雾，称为山谷雾。

山谷雾和蒸发雾常常掺合在一起，形成浓雾，弥漫水面，严重妨碍船舶航行。

七、云

　　云是大气中水汽凝结（凝华）成为水滴、过冷水滴、冰晶或它们混合组成的可见悬浮体。天空云所遮蔽部分的多少用云量表示。云量以把全天分成十等分，被云遮蔽的部分占全天的十分之几来计算。云量少于 1/4 为晴天，大于 1/4 少于 1/2 为少云，大于 1/2 少于 3/4 为多云，大于 3/4 为阴天。

第二章 船舶基础知识

第一节 船体结构

船体是船舶的基本部分，一般分为主体部分和上层建筑部分，如图 2-1 所示。主体部分一般指上甲板以下的部分，它是由船壳（船底及船侧）、骨架和上甲板围成的具有特定形状的空心体，是保证船舶具有所需浮力、航行性能和船体强度的关键部分。船体一般用于布置动力装置、装载货物、储存燃油和淡水，以及布置其他各种舱室。

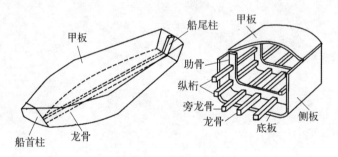

图 2-1 船体结构

一、船底结构

船底结构通常由平板龙骨、船底板、舭列板、肋板、中内龙骨和旁内龙骨等构成。

二、舷侧结构

舷侧结构通常由舷侧外板、舷顶列板、肋骨、舷侧纵桁和强肋骨等构成。

三、甲板结构

甲板结构通常由甲板板、甲板边板、横梁、甲板纵桁、舱口纵桁和强横梁等构成。

四、舱壁结构

渔船舱壁包括水密舱壁和深舱舱壁两类。舱壁结构通常由舱壁板、舱壁扶强材和舱壁桁材等构成。

五、艏柱结构

艏柱是船舶最前端的结构，要承受水压力、波浪冲击力等很大的外力。艏柱结构通常有矩形艏柱、钢板焊接艏柱和铸钢艏柱等形式。

六、艉柱结构

艉柱是水下船体部分最后端的结构，通常要支撑舵、推进器等。艉柱结构通常有铸钢艉柱、钢板焊接艉柱等形式。

七、机座结构

主机机座用于固定主机及齿轮箱等推进设备。机座结构应具有足够的强度和刚度。主机机座通常由两道机座纵桁及横隔板、横肘板等构成。

八、甲板室结构

甲板室主要供驾驶船舶及居住、饮食等。甲板室结构通常由围壁板、围壁扶强材、甲板、甲板横梁和甲板纵桁等构成。

第二节　船舶尺度

船舶尺度是表示船舶大小和特征的典型尺度，通常包括船长、船宽、船深、吃水和干舷，是计算船舶各种性能参数、衡量船舶大小、核收各种费用以及检查船舶能否通过船闸、运河等限制航道的依据。

一、船舶尺度基本概念

（一）船长

船长指船舶静浮于水面时，其刚性水密船体位于设计水线以下部分的总长，不包括设计水线处及以下的附体。一般船舶的船长指船舶的总长；渔业船舶的船长指自龙骨上缘量至最小型深85％处水线总长的96％或该水线从艏柱前缘至舵杆中心线的长度，两者取其大。船舶设计为倾斜龙骨时，其计量长度的水线应和设计水线平行。

（二）船宽

船宽指船舶左右舷间垂直于中线面方向最大水平的距离总称。船宽对船舶的各项性能及舱内布置和甲板利用等都有较大影响，同时也受到船坞、船闸、航道等的限制。船宽有总宽、最大宽度、型宽、水线宽、登记宽度、量吨宽度等之分。

（三）船深

船深指自龙骨线沿垂直于基平面方向量至主甲板下缘的距离。

（四）吃水

吃水指从龙骨基线到满载水线的垂直距离，当船舶纵倾时，取首吃水和尾吃水的平均值。

（五）干舷

干舷是指在船长中点处，沿舷侧自满载吃水线量至上层连续甲板（干舷甲板）边线上缘的垂直距离。

二、船舶主尺度分类

船舶主尺度按不同用途和丈量规则可分为最大尺度、登记尺度和船型尺度3种，如图2-2所示。

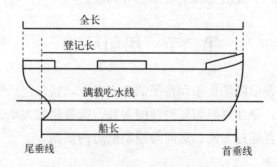

图 2-2　船舶主尺度

（一）最大尺度

最大尺度也称全部尺度或周界尺度。它决定某一船舶能否停靠一定长度的码头、通过或进入一定长度和宽度的船闸或船坞，决定船舶在狭窄航道和港内的安全操纵与避让，以及能否顺利通过横跨航道上的桥梁和架空电缆等。

（二）登记尺度

登记尺度是丈量船舶、计算船舶
吨位的尺度，该尺度登记在船舶丈量
证书上，表明船舶大小，如图 2-3
所示。

（三）船型尺度

船型尺度也称理论尺度或计算尺
度。船舶设计中主要是用船型尺度，
它是计算船舶稳性、吃水差、干舷高
度、船舶系数和水对船舶阻力时使用
的尺度。

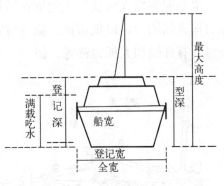

图 2-3　船舶登记尺度

第三节　船舶主要设备

一、系泊设备

船舶靠离码头、系离浮筒、傍靠他船或拖带时，用以带缆、绞缆的设备
统称为系泊设备。系泊设备由系船缆、系缆装置、挽缆装置、绞缆机械、系
缆卷车及属具组成。

系船缆也称船缆，靠泊时用于绑牢船身，拖带时用于传递拖力。理想的
系缆应具有强度大、弹性适中、耐腐蚀、耐摩擦、密度小、质地柔软、使用
方便等特点，常用的有钢丝缆和化纤缆两种。系泊时，应根据码头的情况、
船舶长度、缆强度、停泊时间及天气、潮汐情况决定使用缆绳的数量和布置
方式。大船或风大流急时还需增加缆绳，达到将船舶安全系住的目的。

系船缆按位置、出缆的方向和作用，分为头缆、尾缆、前（首）横缆、
后（尾）横缆、前（首）倒缆、后（尾）倒缆等，如图 2-4 所示。

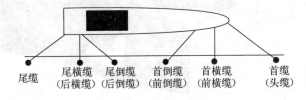

图 2-4　系船缆

二、锚装置

锚是能够抓入水底泥土的钢铁结构物。锚泊时，锚的抓力与卧底锚链的抓力构成锚泊力，以抵御风、流等对船舶的作用力。锚的种类很多，包括无杆锚、有杆锚和大抓力锚等。图 2-5 为锚抓底过程。

图 2-5　锚抓底过程

锚、锚缆（锚链）应保持清洁，每次起锚时应将泥沙冲干净。锚的转动部分应经常加油，防止生锈。起锚时不可硬绞，以免受力过大而损伤锚缆和锚机。另外，至少每半年检查一次锚。

三、舵设备

舵设备是船舶航行中保持或改变航向的主要设备，一般由舵装置、转舵装置、舵机、操舵装置的控制装置及其他附属装置组成，如图 2-6 所示。

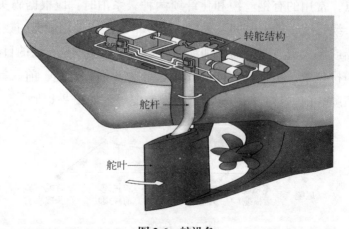

图 2-6　舵设备

舵按舵杆的轴线位置分类可分为不平衡舵、平衡舵、半平衡舵；按舵叶的剖面形状分类可分为平板舵、流线型舵。

船舶必须保证舵设备随时处于良好的工作状态，开航前要仔细检查舵角指示器，平时也要检查保养；在安装或修理后，应按规范进行操舵试验，达到标准要求。

四、推进设备

船舶的推进设备系指船上的推进器。在船上需要设有专门的装置或机构，把能源（如人力、风力以及各种形式的发动机）发出的功率转换为推船前进的功率。

推进器的类型有螺旋桨、风帆、明轮、直叶推进器、喷水推进器等，如图 2-7 所示。

图 2-7　推进设备

螺旋桨转动时，水对于螺旋桨的桨叶会产生一种反作用力，成为阻碍船舶前进的阻力。

左、右旋螺旋桨：当观察者站在船尾后面，面向船首进车时，桨叶做顺时针方向旋转，称为右旋螺旋桨；做逆时针方向旋转，则称为左旋螺旋桨。

五、起货设备

渔船基本都用轻型吊杆作为起货设备。吊杆式起货设备由起货吊杆、起重柱（或桅）、钢索、滑车、吊环、吊杆座、吊钩及起重机等组成。起货吊杆是吊杆式起货设备中的一个重要部件，是一根钢质圆形长杆（管）。

起货设备使用注意事项：

① 在使用吊杆时，操作人员要精力集中，注意指挥者的指挥，不要左顾右盼。

② 指挥者应站在适当的地点，使操作人员能清楚地看到指挥动作，以便正确执行。

③ 吊杆起落时，不准人员站在吊杆底下。

④ 起落吊杆应配备足够的操作人员。起落中如发现滑车或起货机的转动有不正常的声音时，应停止工作，进行详细检查，以防发生事故。

⑤ 绳索必须整理顺畅，不要发生在吊杆的起路过程中有攀住或钩住他物的现象。

第三章　船舶操纵

第一节　船舶航行性能

一、浮性

船舶浮性是船舶在装载一定的质量后，能按指定吃水漂浮在水面上的性能。

为了保证船舶的浮性，应该做到：

① 不超载。

② 保持船舶水密性。

③ 保持排水的畅通。

二、稳性

船舶稳性指船舶受到外力（如风、浪等）的作用而偏离原平衡位置发生倾侧，当外力消除后能自行恢复到原平衡位置的能力。

为防止船舶稳性恶化，应遵守以下各点：

① 做到合理装载。

② 大风浪中航行，尽可能做好可移动物体的系固，避免大舵角转向。

③ 空载、轻载船应加压载。

④ 船舶结构经重大改装后，应重新计算船舶稳性，并经船检部门核准。

三、摇摆性

船舶摇摆性指船舶在外力的作用下，出现往复摆动的性能。

船舶减摇装置有舭龙骨、减摇水舱和减摇鳍3种。舭龙骨结构简单、造价低、效能高、便于维护，因此得到广泛的应用。

四、抗沉性

船舶抗沉性是船舶在一个舱或几个舱进水的情况下，仍能保持不至于沉没和倾覆的能力。

为提高船舶的抗沉性，应采取下列措施：

① 保证船舶的储备浮力。

② 保持船舶的水密性。

③ 配备堵漏设备和器材。

④ 做好所有保证浮性的各项措施。

读一读

分舱制是根据其抗沉性，将船舶分为"一舱制"船、"二舱制"船、"三舱制"船等。"一舱制"船指该船上任何一舱破损进水而不致沉没的船舶。"二舱制"船指该船任何相邻的两个舱破损进水而不致沉没的船舶。"多舱制"船以此类推。

1912 年 4 月 14 日，"泰坦尼克"号邮船在纽芬兰岛附近，与冰山相撞，船舱被划开约 100 m 长的破洞，船首 5 个舱进水，导致船舶沉没，2 700名乘员中，1 522人遇难。

五、快速性

船舶快速性指船舶以较小的功率消耗而获得较高航速的能力。为提高船舶的快速性，应尽力降低船舶的阻力，同时尽力提高推进器的推力。

船舶在航行过程中会受到流体（水与空气）阻止它前进，这种与船体运动方向相反的作用力称为船的阻力。为了使船舶维持一定的速度航行，必须做好两个方面：一是选取合理的船舶主尺度、主尺度比、船型系数和优良的线型以降低船舶阻力；二是选择好的动力装置和推进装置，并优化匹配以提高推进效率。

六、旋回性

船舶旋回性指定速直航（一般是全速）中的船舶操某一舵角（一般是满舵）并保持此舵角，船舶将做定常旋回的运动性能，如图 3-1 所示。

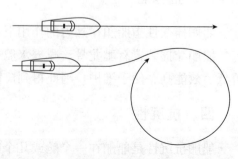

图 3-1 旋回运动

第二节　船舶操纵基础

一、车舵效应

车舵效应指船舶在车和舵的综合力作用下，船舶改变运动状态的现象。车舵效应一般根据船舶本身状态（结构、大小和载重等）和外在因素（水文、气象等）的不同，分析车舵对船尾或船首的偏转作用。比如船舶调头或靠离码头时，突然倒车，会产生舵力不能控制倾向，这是因为当船在前进或后退时，突然反转螺旋桨，水流方向急剧改变，侧压力变得非常大，螺旋桨会停止转动。

二、风、浪和流对船舶操纵的影响

（一）风对船舶操纵的影响

风对船舶操作的影响表现在，顶风时船速减小，顺风时船速有所增加。当风向与首尾面成一角度时，会导致船舶发生漂移、偏转和保向困难的情形。

1. 漂移

船舶受风作用而向下风漂移，其漂移速度随船舶速度降低而加快。漂流状态下的船舶受风作用时最终将保持正横附近受风，并匀速向下风横向漂移，漂移速度最大。

2. 偏转

① 船舶静止中或航速接近于零时，船身将趋向于和风向垂直。

② 船舶前进中，正横前来风，空载、慢速、尾倾、船首受风面积大的船舶，顺风偏；满载或半载、首倾、船尾受风面积大的船舶或高速船舶，逆风偏，且正横后来风，逆风偏显著。

③ 船舶后退中，在一定风速下当船舶有一定退速时，船尾迎风，正横前来风比正横后来风显著，左舷来风比右舷来风显著。退速较低时，船舶的偏转基本上与静止时情况相同，并受到倒车横向力的影响。

3. 操纵

船舶低速航行时，遇到强风会出现舵力转船力矩不足以抵御风动压力偏转力矩、船舶转向困难、操纵进退两难的情况。强风中，为了保证船舶能航行在预定航线上，必须根据风压差采取压舵措施来抵消船舶的漂移和船首的偏转。风速越大，航速越小，则风压差越大，压舵量也势必增加。当风速大到某一界限时，即使用满舵，也无法保持航向。

（二）浪对船舶操纵的影响

浪对船舶操纵有一定影响，如图3-2所示。浪对船舶影响程度与船舶大小、耐波性等因素有关。必须了解风浪规律及船舶在风浪中的运动，将船舶本身具有的性能与当时发生的外界因素结合起来，采取正确的操纵措施，才能达到安全航行的目的。

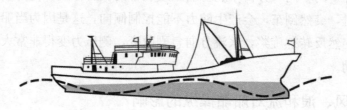

图3-2　浪中船舶

1. 船舶在浪中的运动

船舶在浪中的运动包括6个自由度的运动，如图3-3所示。

（1）**横摇**　绕船舶 x 轴往复摇动。

（2）**纵摇**　绕船舶 y 轴往复摇动。

（3）**首摇**　绕船舶 z 轴往复摇动。

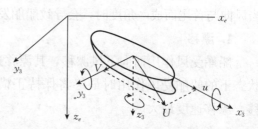

图3-3　船舶在浪中的运动

（4）**垂荡**　沿船舶 z 轴的上下往复运动，又称升沉。

（5）**横荡**　沿船舶 y 轴的左右往复运动。

（6）**纵荡**　沿船舶 x 轴的前后往复运动。

2. 浪对船舶航行的影响

横摇、纵摇和垂荡对船舶航行的影响最大，横摇又最易发生，摇荡幅值最大，严重影响船舶安全。剧烈的横摇会使船舶横倾过大而丧失稳性，导致倾覆。

（1）**横摇**　横摇会引起船舶突然倾斜，当船舶横摇周期等于波浪周期时，船舶横摇更加剧烈，横摇摆幅越摇越大，若不及时采取措施，将会导致船舶倾覆。

（2）**纵摇**　纵摇会引起船舶的拍底、甲板上浪、螺旋桨空转、淹尾等危险情况，如图 3-4 所示。

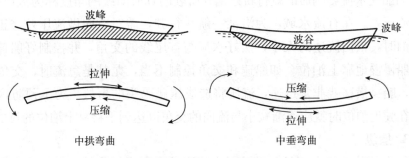

图 3-4 纵摇对船体影响

（3）**垂荡** 当波浪通过船体时，由于船舶入水表面积的变化，浮心随之变化，船舶重心也随之变化，船舶重心在它的垂向轴上做升降运动，称为垂荡，影响船舶安全。

（三）流对船舶操纵的影响

内河航道狭窄、弯多且河床高低不平，流速分布不一致，操船尤其要注意流的影响。流对船舶的影响通常比风大得多，尤其对于重载船而言。

1. 船速

理论状态下，船舶顺流航行时，实际船速等于静水船速加流速；顶流航行时，实际船速则等于静水船速减流速。因此，在静水船速和流速不变的条件下，顺流航行时的对地船速比顶流航行时的实际对地船速大两倍流速。

顶流时，船舶对地冲程减小，流速越大冲程越小；顺流时，船舶对地冲程增加，停车后减速的过程非常缓慢，最后若不借助倒车或抛锚，将不能阻止船以水流速度向前漂移。

✦读一读

船舶冲程：船舶以不同的速度在前进中停车或倒车，需要经过一段时间才能完成，在这段时间内船舶所行驶的距离称为船舶冲程。

船舶冲程相关因素：①船舶载重越大，冲程越大；②在载重不变时，船速越大，冲程越大；③顺风、顺流冲程大，逆风、逆流冲程小；④船体方形系数越大，冲程越小；⑤水线下船壳板附有生物时，船体阻力增大，其冲程减小，船底光滑冲程大；⑥浅水中，船底摩擦力增大，冲程减小；⑦主机换向时间越快，冲程越小；⑧主机倒车功率大，冲程小。

2. 航向

船舶受水流影响后的航行轨迹偏开所驶的真航向线的角度称为流压差角，简称流压差。在有流水域，为沿某一航线行驶，需对航向做流压差修正。顶流靠泊时，根据流速的大小，摆好水流与首尾线的交角，并控制好船速，可以使船慢慢地靠上泊位。如船速和交角控制不当，尤其是急流时，交角摆得过大，船身横移就非常迅速，流压将造成压碰码头的事故。为了预防这种现象，在驶近泊位时就应逐渐减小与流向的交角以达到平稳靠上泊位的目的。

3. 操纵

舵力及其转船力矩是与舵叶对水速度的平方成正比的，而舵叶对水速度又与船舶对水速度成正比。不论顶流还是顺流，只要流速相等，船舶相对于水的速度不变，等于静水船速。在舵角和螺旋桨转速（排出流速度）等条件相同时，顺流和顶流时的舵力相等，其转船力矩也一样。

顶流时对地船速比顺流时小两倍流速，故使用同样的舵角顶流时能在较短的距离上使船首转过较大的角度，需要时也比较容易把定，操纵较为灵活。因此，顶流时的舵效较顺流时好。但是当船首斜向顶流时，由于流压力矩的作用，船舶向迎流旋回转困难，舵效反而差，载重大的船在遇强斜流时尤其如此。

（四）弯曲水道水流对操纵的影响

1. 水流特点及影响

河道的弯段，不论涨落流，水流的流向都是向凹岸一边冲压；近凹岸侧水深且流速大，凸岸侧水浅且流速小。所以，在弯曲水道中航行，加上岸壁效应，舵效差，使操纵变得困难；顺流比顶流操纵难。

2. 操纵要领

船舶接近弯曲水道航行时，不论进弯船还是出弯船，都应认真瞭望，加强联系，了解前方航道上的船舶动态。一般情况下，应尽量避免在弯曲处会船。当估计有可能正好在弯曲处会船时，通常逆水船应及早控制船速，待对方船舶安全驶过后再行过弯。

三、浅水效应

浅水一般是指船底下的富余水深小于船舶吃水的1/3。

（一）船舶在浅水区航行迹象

1. 船速下降

船舶在浅水中航行时，出现纵倾增大，兴波阻力和摩擦阻力增强，向后的流速增加，使船舶航进中的总的阻力增大；推进器盘面附近拌流、涡流的增加，使推进器效率下降，因而导致船速下降。

2. 船身下沉

船舶在浅水中航行，由于船底下间隙变小，在空间三维运动的水变得只能平面流动，同时水流速度增大，水压力下降，浮力减小，使船身下沉。

3. 舵效降低

浅水中由于船速降低，螺旋桨的排出流冲到河床，水流不畅，所以舵效差，操纵不灵，避让时需加以注意。

4. 旋回性下降

进入浅水后，由于舵产生的初始旋回力矩减小，船体旋回阻矩增大，使旋回性指数变小，旋回直径随水深变浅而渐渐变大。

5. 船首向深水区偏转

在浅水区航行，如遇船底两侧的水深不相等时，会使船首向深水一侧偏转。这是由于在浅水区一侧的船波向外扩散碰到河床所产生的反作用力推动船首向深水一侧偏转的缘故；另外，尾部排出流排出的水，浅水区一侧吸入流来不及补充，因而使船尾向浅水区偏转。船首、船尾在一对力偶共同作用下，于是船首向深水区偏转。

因此，船舶进入浅水区时应减速、测深慢行。

（二）富余水深

为保证船舶在浅水中安全航行，应使水深超过实际吃水，并具有一定的安全余量，这余量称为富余水深。它包括航行中船体下沉、潮高误差及船体摇摆、安全操纵等富余水深。

四、岸壁效应

船舶近岸行驶时，出现岸边水流把船首推离岸边的现象称为岸推现象，岸吸力把船尾吸向岸边的现象称为岸吸现象。

岸推与岸吸是同时发生的现象，决定于下列因素：

① 越靠近岸壁航行，岸吸、岸推现象越强烈，过于接近时很难保持航向。

② 水道宽度越小，岸吸、岸推现象越强烈。

③ 船速越高，岸吸、岸推现象越强烈。

④ 水深越浅，岸吸、岸推现象越强烈。

⑤ 船型越肥大，岸吸、岸推现象越强烈。

岸推和岸吸统称为岸壁效应。船速越快，岸距越小，岸推和岸吸现象越强烈，甚至用舵也无法克服，有触损螺旋桨和舵的危险。当船舶发生上述现象时，应降低车速，并用小舵角使船驶离岸边。

五、船间效应

船舶在近距离上对驶会船，或追越，或驶过系泊船时，在两船之间产生的流体作用，将使船舶出现互相吸引、排斥、转头、波荡等现象，称之为船间效应，如图 3-5 所示。

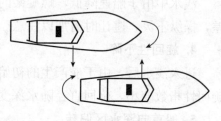

图 3-5　船间效应

影响船间效应的因素：

① 两船间横距。两船间横距越小，船间作用力越大。当横距小于两船船长之和时就会产生这种作用；当横距小于两船船长之和的一半时，则相互作用明显增强。

② 船速越高，影响越大；两船速度差越小，影响就越大。

③ 时间越长，速度差越小，相互作用越大。

④ 大小越悬殊的两船，小船受船吸影响就越大。

⑤ 在浅窄的受限水域中航行时，相互作用更明显。

第三节　船舶基本操纵

一、抛、起锚

（一）锚地选择

（1）水深　水深适中。

（2）底质　锚抓底后的抓力与底质关系密切，通常黏土类底质为最好，沙类底质次之。

（3）底势　水底地势以平坦为好，尽量避免在陡坡处抛锚。若坡度较陡，将影响锚的抓力，容易发生走锚断链事故。

（4）水流　水流平缓，无乱水。

（5）旋回余地　具有符合水深要求的足够的旋回余地。旋回余地应依锚地底质、锚泊时间长短、附近有无障碍物及水文气象等条件综合考虑后加以确定。

（6）风浪 良好的避风浪条件。所选锚地水域周围的地形应能成为船舶躲避风浪的屏障，以防止过大的风浪，并尽可能靠上风位置。

（7）地点 抛锚地点应远离航道或水道等船舶交通较密集地区，还应远离水底电缆、沉船、暗礁等障碍物，以免发生事故。

（二）抛锚

1. 锚泊注意事项

① 一般抛锚以顶流为原则。

② 左、右锚应轮流使用，以延长使用寿命。

③ 风浪中抛锚，船下应有足够水深。

④ 锚地的锚泊船较多时，宜在他船下风或下流抛锚。

⑤ 内河小船锚泊比较方便，有时短暂锚泊不考虑诸多因素，但应注意附近有水底电缆、锚泊地点占据主航道这两种情况时不能抛锚。

2. 抛单锚

抛单锚如图 3-6 所示，方法有前进抛锚法和后退抛锚法两种，可根据船舶所选择锚地的当时环境和境况而定。一般情况下，风流压来自于船舶正横以前宜采用后退抛锚法，风流压来自于船舶正横以后宜采用前进抛锚法。

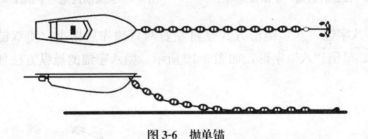

图 3-6 抛单锚

3. 抛双锚

（1）一字锚 在有潮汐影响的狭窄河道中，如抛单锚，而船舶的旋回余地不够时，可在与潮流流向一致的方向上，先后抛下两个首锚成一直线，双链交角近于 $180°$，如图 3-7 所示，使船系留在两锚之间，并随风、流的方向而改变首向，这种锚泊方式称为一字锚。

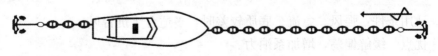

图 3-7 一字锚

一字锚泊方式旋回水域最小，适用于狭窄水域或内陆江河；但操作费时、复杂；风、流方向变化后双链容易引起绞缠；锚泊总抓力不比单锚泊大，不宜作为锚泊抗风防台。

抛一字锚的操纵方法有两种：顶流后退抛锚法（图3-8）和顶流前进抛锚法（图3-9）。顶流前进抛锚法较顶流后退抛锚法易于操纵，受风、流影响小，锚位容易抛准，但船底剩余水深不大时，不宜采用。

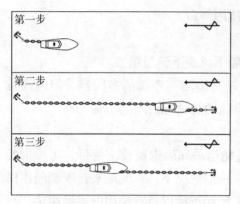

图3-8　顶流后退抛一字锚操纵方法　　图3-9　顶流前进抛一字锚操纵方法

（2）八字锚　八字锚泊方式是将左右两只锚先后抛出，使双链夹角为60°～90°，呈倒"八"字形，如图3-10所示。抛八字锚的操纵方法如图3-11所示。

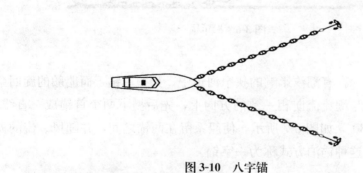

图3-10　八字锚

适用条件：强风、急流、底质较差时，多适合于抗台风。

优点：缓解偏荡，增加系泊力。

缺点：作业较复杂，风、流多次转向后锚链易绞缠。

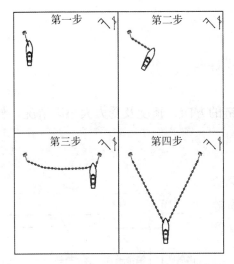

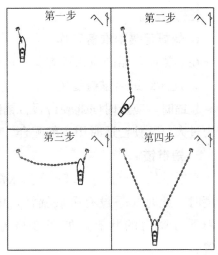

图 3-11　抛八字锚操纵方法

北半球，船在热带气旋右半圆时，风向顺时针方向变化，即北-东北-东-东南，且强风在东北象限。应先抛左舷锚，再抛右舷锚，并抛在东南方向上，锚链左长右短。风向变化时，放长右链，使八字口正对风向，如图 3-12 所示。

（3）平行锚　船舶同时抛下左、右锚，双锚保持平行，夹角为零度的锚泊方式，称为平行锚，又称一点锚，如图 3-13 所示。

平行锚泊抓力最大，为单锚泊抓力的 2 倍，多适用抗热带气旋或流速较快的水域。

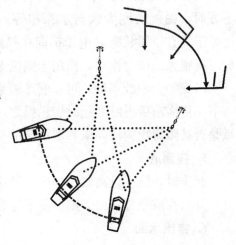

图 3-12　抗台八字锚

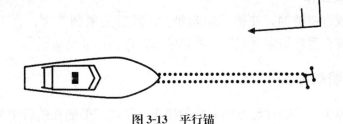

图 3-13　平行锚

（三）起锚

1. 做好起锚前准备工作

在起锚前，船副应指挥有关人员做好准备工作。

2. 注意绞进时锚链受力

起锚时，应及时向驾驶台报告锚链的方向、长度及受力大小等情况，如受力过大，驾驶台适时用车舵配合。

3. 短链锚

当锚链绞进至尚余 1.5～2 倍水深的长度时，此时几乎没有卧底锚链，锚链呈斜下方受力的状态。如图 3-14 中①位置。

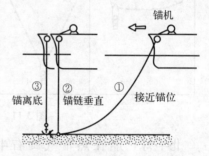

图 3-14　起锚

4. 锚链垂直

当锚链续进到正好处于锚链筒的垂下方时，锚链长度大致与水深相等，锚链处于垂直拉紧状态，由于锚尚在抓底，此时有很大的拉力作用，作用于锚机上的负荷也很大，应放慢锚机绞进速度（图 3-14②）。如绞不动，可将刹车刹紧，脱开离合器，开动主机，用慢车拖一下，待拖动后再绞。此时切忌操之过急，以防断链。如拖不动，应考虑锚爪是否被障碍物钩住，未弄清情况前不可贸然加车。

5. 锚离底

起锚时，锚一旦离底，即失去了抓力（图 3-14③），夜间应关闭锚泊号灯，开启在航号灯；白天则应降下号型。

6. 锚出水面

锚绞至露出水面时，应查看锚上是否钩有电缆、缆绳、锚链等杂物，即是否"锚绞缠"。如绞缠则需进行清解，在确认"锚清爽"后方可将锚收进。同时报告驾驶台，以便动车航行。

7. 结束工作

将锚收进锚链筒，使锚冠贴紧船壳。然后关紧刹车带，合上甲板制链器，脱开离合器，切断电源，停放锚链水，起锚作业结束。

二、船舶掉头

船舶掉头，指船首反方向调转的操作，是内河船舶在航行中最常见的操作之一。

（一）掉头操纵方法

（1）进车掉头法　是一种最常见的掉头方法，其条件是航道宽度大于回转直径。

（2）进倒车掉头法　当航道不太宽，船舶在此用进车掉头有困难时，可采用本方法。

（3）顶岸掉头法　当航道狭窄，岸边水较深且无流或流速较小时，可采用本方法。

（4）抛锚掉头法　在航道宽度显然不足，难以进行进车或正倒车掉头时，可采用本方法。

此外，在航道条件许可的情况下，还可采用支流河口进行掉头。

（二）掉头操纵注意事项

① 充分考虑本船的载重、稳性和操纵性能，选好掉头地点。

② 根据掉头地点的水域宽度、深度、风、流及碍航物等情况，决定具体的掉头方法。

③ 掉头前和掉头过程中，应密切注意周围环境和他船动态，防止发生碰撞等事故，并按章显示掉头信号或灯号，鸣放声号。

④ 掉头前应先减速，以减小船舶的惯性，缩小回转范围。

三、靠、离泊操纵

靠码头，又称靠泊，指船舶停靠码头或他船的作业过程，如图3-15所示。
离码头，指船舶离开码头泊位进入航行状态的作业过程。

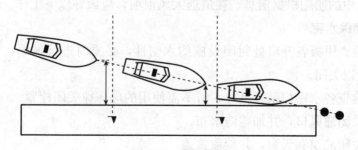

图3-15　靠泊操作

1. 靠泊操纵要领

① 采用慢速，及时停车，保持船在舵力控制下。

② 选用正确的角度向码头驶近。

③ 抵达码头近旁，用适当的倒车，使船停止前进。

④ 慢慢地平行靠拢码头，递上系船缆。

顶流靠码头，容易控制船速，舵效也较好，是有流水域靠码头的基本方法。

2. 离泊操纵要领

① 决定先离首还是先离尾。

② 根据风流等客观条件，掌握甩尾的角度。

③ 控制船身前冲后退。

④ 防止缆绳绞进车叶。

在无风流、顶流或吹开风的情况下，一般采用先离船首的方法。

3. 靠、离泊操纵注意事项

① 船舶惯性的大小。

② 主机倒车时的制动能力。

③ 当时的风向、风速和流向、流速。

④ 泊位档子的大小及码头的结构。

⑤ 码头前后的动态、可供船舶操纵水域的大小。

第四节　特殊情形下的船舶航行

一、大风浪中的船舶航行

（一）大风浪来临前的准备工作

航行中的船舶根据信息，在遭遇大风浪前，应做好以下工作：

1. 确保水密

① 检查甲板各开口处封闭设施的水密性，必要时进行加固，并于风浪来临前予以关闭。

② 检查各水密门是否良好，暂不需使用的应一律关闭拴紧。

③ 关闭通风口，并加盖防水布。

④ 关闭舷窗和天窗，并旋紧铁盖。

⑤ 盖好锚链管，防止水灌入锚链舱。

2. 确保排水畅通

① 检查排水管系、抽水机、分路阀等，保证处于良好工作状态。

② 清洁污水沟（井），保证畅通。

③ 甲板上的排水孔保持畅通。

3. 确保船舶稳性，固定活动物体

① 装卸设备、主锚、备锚、舷梯以及一切未固定或未绑牢的甲板物件都要绑牢固定。

② 各水舱及燃油舱应尽可能注满或抽空，以减少自由液面。

③ 舱内或甲板装有重件货时，应仔细检查加固，必要时加绑。

4. 空船压载

空船时，应打入压载水，调整吃水和吃水差以及合适的初重稳性高度值。

5. 做好应急准备

① 保证驾驶台和机舱、船首、舵机室在应急情况下通信联系畅通。

② 检查应急电机、天线、舵设备等，并使它们均处于良好状态。

③ 检查消防、堵漏设备，保证随时可用。

④ 加强全船巡视检查，勘察各液舱及污水沟的情况。

（二）大风浪中的操纵

船舶在大风浪中航行，无论与风浪处于何种相对位置，都会给船舶操纵带来困难，驾驶人员应根据当时的水域和本船的实际状况采取不同的航行操纵方法，确保航行安全。

1. 顶浪航行

驾驶人员在大风浪中船舶采取顶浪航行，比较方便操纵，一般优先考虑。尤其对于船身稍短、船首前伸、艏楼较高的船舶，可使船首不致深埋浪中，避免甲板大量上浪，保护车叶和舵不受波浪正面冲击。

船舶顶浪航行时，巨浪的冲击使船舶产生剧烈的纵摇，会造成拍底、甲板上浪和螺旋桨空转等不良现象，从而损坏船体、设备、螺旋桨和舵等。

船舶在大风浪中顶浪航行，航速越快，波浪对船首的冲击力就越大。因此，一般以减速为宜，这样既能减轻船舶纵摇，又能缓和波浪的冲击力。

2. 偏浪航行

如果船舶出现纵摇厉害，并有打艏、拍底现象（尤其轻载船），应使船首与风浪主要方向成 15°～30°偏顶浪航行，以缓和纵摇和打艏现象；偏顶浪航行应注意避免船被打横而造成危险。操纵者应注意风、流压的影响，灵活运用转向和变速，保持一定的前进速度以保证舵效，使船舶维持在预定航线上。

3. 顺浪航行

顺浪航行时，波浪与船舶相对速度小，可大大减弱波浪对船体的冲击。顺浪航行的操纵关键是使用车速要恰当、调整航速要及时。当航速小于波浪传播速度，有时船尾处在波谷中，大浪将自船尾涌上甲板，发生淹尾现象；当航速等于波浪传播速度时，会造成船尾冲漂。因此，一般采取调整航速的措施，使航速稍大于波浪传播速度，这样既能避免淹尾，又能保持舵效。

4. 滞航

滞航指依靠车、舵的作用来维持航向，使船舶处于少进或不进又不退的状态，基本上留在原地顶住风浪，等待大风浪过后再继续航行。滞航可以减轻波浪对船首的冲击和甲板上浪。滞航要根据风浪的情况选择最佳的风浪舷角，以减轻船舶的摇摆，并根据风浪的变化及时调整航速，保证有足够的舵效，以免船舶被打成横浪。

5. 横浪航行

横浪航行容易发生严重横摇甚至横向倾覆，所以船舶一般不宜采用横浪航行，特别是中小型船舶更不适宜。船舶在横浪中航行，改变航速不能减轻船舶的摇摆，只有改变航向才能奏效。

6. 漂航

船舶在大风浪中无法做有效航行时，采取停车随风浪漂流的方法，称为漂航。漂航时波浪对船体的冲击力大为减小，甲板上浪不多，只要船舶保持水密，有足够的稳性，就可以渡过大风浪。

二、能见度不良时的船舶操纵

我国内河水域航行规定中一般把能见度小于 1 000 m，视为能见度不良。能见度不良时，船舶一般应选择安全水域抛锚，如需要继续航行，就应做好以下措施：

① 做好船舶能见度不良航行的各项准备工作，包括测定船位、机舱备车、人工操舵、开启助航仪器等。

② 开启在航行灯，鸣放雾号，并保持安静，注意聆听他船雾中声号。

③ 利用一切有效手段保持正规瞭望。能见度不良除了视觉瞭望，更重要的是依靠雷达和听觉瞭望。另外，利用甚高频无线电话（VHF）沟通，

协调避让方式。

④ 使用安全航速航行。安全航速指能采取适当而有效的避碰行动，并能在适合当时环境和情况的距离以内把船停住的速度。

⑤ 驶过让清，避免碰撞。雾中与他船的会遇距离要宽到能防止双方由于无法互见而造成动作不协调所产生的危险局面，应选择更加宽裕的航道航行，尽可能远离障碍物。应传依靠雷达、甚高频无线电话（VHF）、听觉等手段正确判断来船的动态和意图，本船的动态也要使来船确认，然后采取行动，并不断校核避让行动的有效性直到驶过让清。

⑥ 及时报告船长，并派出必要的瞭望人员。当视线恶劣时，船长应在第一时间赶到驾驶台亲自组织指挥。

三、弯曲河段的船舶航行

河道的弯段，不论涨落流，水流的流向都是向凹岸一边冲压；近凹岸侧水深且流速大，凸岸侧水浅且流速小。

（一）过弯操纵要领

船舶接近弯曲水道航行时，不论进口船还是出口船，也不论是上行船还是下行船，都应认真瞭望，加强联系，了解前方航道上的船舶动态。一般情况下，应尽量避免在弯曲处会船。当估计有可能正好在弯曲处会船时，通常逆水船应及早控制船速，待对方船舶安全驶过后再行过弯。

（二）注意事项

1. 摆好船位

对于吃水较浅的中小型船舶，通常循主流中心航道的右侧行驶，只要水深足够，不致影响本船安全，距岸留有一定安全余量即可。

深吃水的船舶顶流过弯时，由于一方面凸岸侧水浅，另一方面凹岸侧具有较强的压拢流，流速快，所以如果过分靠近岸侧行驶，将可能导致船舶陷入困境，甚至触碰码头、岸壁。因此从有利于安全操纵的角度出发，最好将船位控制在航道中央附近。在双向通航的航道内，驾驶人员通常的做法是，顶流过弯时保持船位在航道中央略偏凹岸侧，而对于只能单向通航的弯曲水道，顶流过弯时则可将船位保持在航道中央。总之，对于深吃水的船舶过弯时，不管如何，都应保持与凹岸有足够的间距，充分考虑到操舵回转时尾反移有触碰码头或岸壁的危险以及可能产生侧壁效应、斜坡效应等，以确保安全。

2. 灵活运用车舵

通过弯曲水道时，正确发挥车舵作用是操纵成败的关键。在车舵运用方面应特别注意不论是顶流过弯还是顺流过弯，用舵时都应注意保持船舶转向的连续性，如图3-16所示。尤其重载船，起转不易，停转难，应注意掌握操舵与船舶应舵的规律，早用舵，早回舵，舵角根据船首偏转快慢加以调整，保证船首连续慢转。

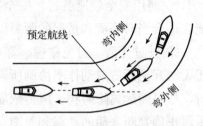

图 3-16　船舶过弯操纵

第五节　船舶应急操纵

一、船舶碰撞时的应急操纵

碰撞是指船舶与船舶之间或船舶与水上移动式装置之间发生接触造成损害的事故，如图3-17所示。船舶碰撞后的受损程度与碰撞部位及形状、碰撞前相对运动速度、碰撞角度、碰撞船的大小、撞破口的大小、船体结构强度、风浪大小、所载货种及数量和离岸远近等有关，当然也与碰撞发生后船员的应变能力、操船方法等密切相关。

图 3-17　船舶碰撞

通常情况下，在碰撞不可避免时，应首先考虑在当时情况下怎样操纵船舶可降低损害程度，尽可能避开要害部位和降低船舶运动速度是关键。一般操作如下：

① 以船首撞入他船船侧的船舶不应立即倒出，应尽力用车舵配合，操

纵船舶顶住他船破洞，以减小被撞船的进水，让被撞船留有相对多的时间来判明情况，采取应急措施。盲目倒车脱出，会加速被撞船进水，有沉没危险时可能会压住本船船头，祸及本船。在风浪较小且无沉没危险时，还可用缆相互系住，以防脱出，起到堵漏的作用。如被撞船有沉没危险时，则在不严重危及本船和船上人员安全的情况下，应全力施救该船乘员和贵重物品。

② 被撞船应尽量使船停住，以利两船保持撞击咬合状态，减少进水，并应立即进入堵漏应变部署。若两船无法保持撞击咬合状态，应尽力操纵船舶使破损部位处于下风侧，减少波浪的冲击和进水量并有利于实施堵漏作业。

③ 当两船均确认无沉没危险时，为不使两船破损扩大，也可用系船缆保持两船碰撞时的姿态，以便进行排水、堵漏和加强水密隔舱壁的工作。如果一方有沉没的危险时，应立即全力进行其乘员的抢救工作，使之转移至无沉没危险的船舶上来。

船舶发生碰撞的情形很多，情况也千变万化，很多情况上述操船措施不能一概而论。

二、船舶搁浅、触礁时的应急操纵

搁浅是指船舶搁在因误入水深小于其吃水的浅滩上或因故搁在河床浅处，失去浮力，不能行驶的事故。触礁是指船舶在航行中触碰礁石、水下物体或冰块等，造成船舶受损、漏水或沉没的意外事故。搁浅、触礁在现行渔业法律文件规范中统称触损，但两者发生时船舶的应急操纵有所不同。

1. 船舶搁浅
① 船舶一旦搁浅，应立即停车，按规定挂出搁浅信号。
② 准确测定船位，检查船体破损情况。
③ 在对搁浅的环境没有掌握时，不宜盲目使用车舵，防止扩大船体损伤、损坏车舵和主机、造成船舶迅速沉没等增加脱浅时的困难。
④ 短时间不能安全脱险的搁浅船舶，应做好临时固定舱位的工作。
⑤ 搁浅严重，自力无法脱浅或有倾覆等危险时，应鸣放求救信号，请求过往船舶施救。

2. 船舶触礁
① 立即停车，切勿盲目动车，以免扩大事故。

② 确定触礁舱位，了解触礁处的水深、河床底质；检查船体损伤的部位及损伤的程度，舵、推进器的适航状况等，如发现舱漏，马上进行排水堵漏，以防下沉。

③ 如船壳破裂进水，还能行动时，应迅速驶向附近浅滩搁浅，组织人员堵漏抢险；若船舶不能行动，切忌用车舵前进、后退或左右摆动，以防扩大洞口，造成沉没，应设法固定船位，以防堵漏或减载上浮造成位移，致沉没。

④ 船舶触礁后，经抢救无法脱险的，如遇水位下降，应设法固定舱位，同时卸载部分货物，减轻船舶质量，并立即求救。

三、船舶失火时应急操纵

船舶失火（图 3-18），虽然扑救起来比陆地困难，有时会造成严重的损失，但是只要船员掌握好灭火技能，并操纵船舶得当，是可以依靠自身的力量将火灾控制和扑灭的。船舶航行中发生火灾，驾驶人员接到火警报告后，一般操纵如下：

图 3-18 船舶失火

① 立即发出消防应变信号。

对船上人员示警：大声呼叫、乱钟或连续鸣放短声汽笛 1 min，之后再以鸣船钟次数指示火灾发生地点，如前部、中部、后部、机舱和上甲板着火，应分别鸣船钟一、二、三、四、五响。

对外示警：通过无线电设备放出航行警告，请求周围船舶注意避让。

② 降低航速，减小船舱内空气流动，防止火势变大。

③ 改变航向。为防止火势蔓延，根据火灾发生的位置，驾驶人员应按风向适当地操纵船舶，使火源处于下风：火源在船中部，使船舶处于横风，且使失火一舷处于下风；火源在船尾，迎风行驶；火源在船首，顺风低速行驶。改变航向时，不应急转，快速转会使船舶产生摇摆，促使火势蔓延，且不利于灭火行动。

四、船员落水时的应急操纵

渔船在航行或捕捞作业过程中，不慎有人落入水中，不及时营救，会有生命危险。因此，有人落水，发现者应立即采取营救措施。

① 发现者应立即大声呼叫"左（右）舷有人落水"，同时鸣放三长声，并就近抛下救生圈。

② 停车并向落水者一舷操满舵，尽力摆开船尾，以免落水者被船尾和螺旋桨叶所伤。

③ 发出落水警报，进入人员落水救助应变部署，有关人员做好准备。

④ 派专人登高守望落水者，不断报告其方位。

⑤ 备车并采取适合当时情况的恰当的操纵方法接近落水者（图3-19）。

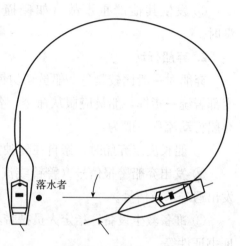

图 3-19 船舶接近落水者

五、弃船应急

弃船是指船舶遇险后，经过全船人员全力抢救后，仍然不可避免船舶沉没的情况，利用本船或他船的救生设备使船员安全离开险船的行为（图3-20）。弃船是一件非常重大的事情，只有客观上确实存在危险，没有挽救的可能，船长经主要船员研究后才能下令弃船，不可轻率从事。

图 3-20 弃船逃生

1. 弃船的情形

① 船舶发生火灾，火势已至机舱，动力系统已毁。

② 船舶发生碰撞、触损事故，船体破损，大量进水，机舱被淹，已无法排水堵漏，随时有折断、倾覆、沉没的危险时。

③ 发生其他严重事故（如碰撞、爆炸）而造成船舶有可能立即沉没时。

2. 弃船行动

弃船时一般比较紧急，船员切勿惊慌混乱，要严守纪律，船长应按照应变部署统一指挥，船员应服从命令，各司其职，有条不紊地进行弃船工作。弃船行动流程一般为：

① 船长决定弃船时，亲自在驾驶室发布弃船命令，并指挥船舶操纵。

② 发出弃船警报信号（警铃或汽笛七短一长声，连放 1 min），并向外发出遇难求救信号。

③ 准备救生设备，指定人员携带相关物品：国旗、相关日志和记录簿、证书证件等。

④ 船员按应变部署到指定地点集合待命，如图 3-21 所示。

⑤ 轮机长接到撤离命令后，应指挥和处理防爆工作，如停车、停电、关闭油路等安全保护工作。

⑥ 船长自始至终指挥整个弃船工作，并最后一个离船。

⑦ 所有船员入水后，如无法游到岸边，应尽量集中在一起等待救援，如图 3-22 所示。

紧急集合

图 3-21　集合待命

图 3-22　等待救援

第二篇

避碰规则

第四章 总 则

《中华人民共和国内河避碰规则》（以下简称《内规》）是全国性的内河交通管理章程。其宗旨是：维护水上交通秩序、防止碰撞事故，保障人民生命财产的安全。《内规》也是全国江河、湖泊、水库、运河船舶避碰的法律依据。2003 年交通部对 1992 年 1 月 1 日起生效的《内规》进行了修正，修正后的《内规》分为五章共 49 条 3 个附录。

第一节 《内规》适用范围

① 在国内江河、湖泊、水库、运河等通航水域及其港口航行、停泊和作业的一切船舶和排筏，但在与中俄国境河流相通的水域航行、停泊和作业的船舶、排筏除外。

② 在国境河流、湖泊航行、停泊和作业的船舶、排筏，执行国家政府间的协议或协定。

③ 各省、自治区、直辖市海事机构，长江、黑龙江海事局及辖区内有内河的沿海海事机构根据辖区具体情况，制定包括分道通航等有关交通管制在内的特别规定，报交通部批准后生效。

> **读一读**
>
> 中俄界河作为中俄共管水域，由黑龙江、乌苏里江、额尔古纳河、松阿察河和兴凯湖几个区段组成，中俄两国有 3 750 km 的水域边界，通航里程 3 617 km。《中俄国境河流航行规则》的实施涉及保障界河水域两国船舶的航行安全，并对中俄两国和平利用界河水域和防止船舶污染水域等方面做出了明确规定。

第二节 责 任

一、责任条款的内容

① 船舶、排筏及其所有人、经营人以及船员应当对遵守本规则的疏忽而产生的后果以及对船员通常做法所要求的或者当时特殊情况要求的任何戒备上的疏忽而产生的后果负责。本条款通常称为疏忽条款，核心内容是，《内规》不免除由于任何船舶、船舶所有人、经营人或船员由于疏忽而产生的各种后果的责任。所指的各种后果的责任不仅包括由于船舶碰撞造成的民事赔偿责任，也包括船长、船员或者船舶所有人因碰撞事故造成的行政责任甚至刑事责任。

② 不论由于何种原因，两船已逼近或者已处于紧迫局面时，任何一船都应当果断地采取最有助于避碰的行动，包括在紧迫危险时背离本规则，以挽救危局。本条款通常称为背离条款，核心内容是，在遵循《内规》时，应当充分考虑到在某些危险和特殊情况下需要背离《内规》条款采取行动，以避免紧迫危险。

③ 不论由于何种原因，在长江干线航行的客渡船都必须避让顺航道行驶的船舶。

二、疏忽

（一）疏忽的含义

疏忽，指的是行为人的过失行为，而不是其过失的心理状态。因而，疏忽通常又被解释成"应为而不为，不应为而为"的行为。在船舶碰撞中，疏忽通常又被解释成：行为人并不存在希望碰撞损害发生的意图，但无视《内规》的规定，不顾船员的通常做法，对特殊情况缺乏应有的戒备，一意孤行，盲目行动，并且对该行动可能导致的严重后果未能予以充分的估计，对本应预见或能够预见的危险却没有或没能预见，致使碰撞的发生或扩大碰撞的损害。在这种情况下，行为人所做出的一切行为或不为，均构成船舶碰撞中的疏忽或过失。

（二）疏忽的内容

1. 对遵守《内规》条款的疏忽

① 对保持正规瞭望的疏忽。

② 对保持安全航速的疏忽。

③ 对正确判断碰撞危险的疏忽。

④ 对正确采取避让行动的疏忽。

⑤ 对《内规》要求的航行规则的违反。

⑥ 对《内规》所要求的戒备的疏忽。

⑦ 对《内规》显示号灯、号型或者鸣放声号的要求的违反。

⑧ 配备的船员尤其是负责航行值班的船员不符合要求，对船员未遵守《内规》的规定听之任之等。

⑨ 其他违反《内规》明确规定的行为或者疏忽。

2. 对船员通常做法所要求的任何戒备上的疏忽

船员通常做法是指广大船员在长期的航行实践中形成的一种习惯的、经常性的做法，且这些习惯的、经常性做法是被航行实践所证明能够确保航行安全、有助于避碰的。包括但不限于以下各种情况：

① 对舵令、车钟令不复诵、不核对。

② 驾驶员在避让过程中进行交接班，或者在不了解周围环境的情况下进行交接班。

③ 船舶在狭水道航行或在进出港时未备车、备锚。

④ 不了解本船的船舶操纵性能，不了解外界风、流、浪等因素对操船的影响，没有充分地注意到可能出现的浅水效应、船间效应、岸壁效应。

⑤ 在狭水道中追越时盲目从他船右舷追越。

⑥ 没有做到逆水船让顺水船、上行船让下行船、单船让拖带船组。

3. 对特殊情况所要求的任何戒备上的疏忽

特殊情况即异乎寻常的情况。构成特殊情况的原因包括船舶条件的突变、自然条件的突变、交通条件的突变、他船所采取行动的突变等。对特殊情况所要求的任何戒备上的疏忽，包括但不限于以下各种情况：

① 对船舶突然遇雾、暴风雨等缺乏戒备。

② 对他船可能背离《内规》采取行动缺乏戒备。

③ 对为避让一船而与另一船构成紧迫局面缺乏戒备。

④ 对多船同时构成碰撞危险或者紧迫局面的情况缺乏戒备。

⑤ 对主机、舵机、操纵系统等突然故障缺乏戒备。

⑥ 对他船意外采取行动，使得两船陷入紧迫危险的情况缺乏戒备。

⑦ 未估计到会出现在航船与锚泊船相遇，逆水船与顺水船相遇，三艘机动船同时相遇致构成碰撞危险，一失控船舶与另一失控船舶相遇等《内规》未提及或未明确规定的情况。

⑧ 未估计到在夜间邻近处会突然出现不点灯的小船或突然显示灯光的小船，或未估计到在雾中雷达上邻近处会突然出现小船或木船的回波。

⑨ 未估计到在雾中雷达上一直没有发现他船回波的情况下会突然听到他船的雾号声，并且在上述情况下仓促行动。

三、背离

（一）可能需要背离规则的情况

1. 存在航行的危险

存在航行的危险而需要背离《内规》的情况是指当船舶按照《内规》的要求航行或者采取避碰行动时，就会产生触礁、搁浅等航行的危险。

2. 存在碰撞的危险

存在碰撞的危险而需要背离《内规》的情况，主要是指船舶对遇和避碰的发展过程中，当事船舶已经进入到"极端情况"，按照规则采取行动不可能避免碰撞或者反而可能导致碰撞的情况。

3. 特殊情况

这种特殊情况包括当事船舶的条件限制在内。包括由于自然条件受到限制而构成的特殊情况，如两艘机动船对遇，其中一船右舷临近浅滩、暗礁或沉船而不能向右转向的情况。

（二）背离规则的条件和目的

背离规则受严格的条件限制，并不是任何存在航行的危险、碰撞的危险或者任何特殊情况下均可以背离规则。背离规则必须满足如下条件：

① 危险是客观存在的，而不是主观臆断的。

② 危险是紧迫的，并且几乎可以肯定遵守《内规》会造成一船或者两船的危险，而背离规则就有可能避免这种危险。

③ 背离规则是必须的、合理的，即当时的客观事实表明遵守规则不能避免航行或碰撞的危险，而背离规则可能避免航行和碰撞的危险，所以，只有当时的危险局面不允许船舶继续遵守规则时，才可以背离。只要还存在机会遵守规则，就不应当背离规则。

背离规则的目的是避免紧迫危险，"方便"不能成为背离规则的借口，

"协议背离规则"的做法应当禁止。

总之，背离规则仅仅是在全面实现《内规》的根本目的即避免碰撞危险和避免碰撞基础上对遵守本规则的补充。正当地背离规则是规则所允许的，也是规则所期望和要求的。但是，允许背离规则并不是《内规》灵活性的体现，背离规则是有严格的条件限制的，只有满足背离的条件，才能背离规则采取行动。

读一读

> 背离规则并不是指背离《内规》所有条款的规定，而仅仅是指背离《内规》所适用的某些或某一条款的具体规定。可以背离的条款通常仅仅是《内规》中有关船舶航行规则和采取避碰行动规则的具体规定，例如"对遇局面"条款中的"右转规则"等。在背离某些或者某一条款的具体规定时，对《内规》其他条款的规定仍必须严格遵守，例如保持正规瞭望、以安全航速行驶、正确判断碰撞危险、显示相应的号灯和号型、正确鸣放声号等条款，在任何情况下均不得背离。

四、《内规》中的相关定义

1. 船舶

船舶是指各种船艇、移动式平台、水上飞机和其他水上运输工具，但不包括排筏。只要其用作或者能够用作水上运输工具，不论其种类、大小、形状、结构、推进方式或用途如何，均属《内规》中船舶的范畴。在水面航行而处在非排水状态的气垫船、水翼船、贴近水而飞行的地效船以及在水航行、漂浮或停泊的水上飞机属于船舶。

2. 机动船

机动船是指用机器推动的船舶。用机器推进的船舶，一旦失去控制或者从事捕鱼等，则不再属于一般机动船的范畴。

3. 非自航船

非自航船是指驳船、趸船等本身没有动力推动的船舶。

4. 帆船

帆船是指任何正在驶帆的船舶，包括装有推进器而不再使用者。一船在同时使用机器和帆推进或仅用机器推进而不驶帆时，属于机动船。

5. 拖船

拖船是指从事吊拖或者顶推（包括旁拖）的任何机动船。

6. 船队

船队是指由拖轮和被吊拖、顶推的船舶、排筏或者其他物体编成的组合体。

7. 快速船

快速船是指静水时速为 35 km 以上的船舶。

8. 限于吃水的海船

限于吃水的海船是指由于船舶吃水与航道水深的关系，致使其操纵、避让能力受到限制的船舶。限于吃水的海船的实际吃水在长江定为 7 m 以上，珠江定为 4 m 以上。

9. 在航

在航是指船舶、排筏不在锚泊、系靠或者搁浅。

10. 船舶长度

船舶长度是指船舶的总长度。

11. 航路

航路是指船舶根据河流客观规律或者有关规定，在航道中所选择的航行路线。

12. 顺航道行驶

顺航道行驶是指船舶顺着航道方向行驶，包括顺着直航道和弯曲航道行驶。

13. 横越

横越是指船舶由航道一侧横向或者接近横向驶向另一侧，或者横向驶过顺航道行驶船舶的船首方向。

14. 对驶相遇

对驶相遇是指顺航道行驶的两船来往相遇，包括对遇或者接近对遇、互从左舷或者右舷相遇、在弯曲航道相遇，但不包括两横越船相遇。

15. 能见度不良

能见度不良是指由于雾、霾、下雪、暴风雨、沙暴等原因而使能见度受到限制的情况。

16. 潮流河段

潮流河段是指沿海各省、自治区、直辖市海事机构及长江海事局划定的受潮汐影响明显的河段。

17. 干、支流交汇水域

干、支流交汇水域是指不与本河（干流）同出一源的支流与本河的汇合处。

18. 汊河口

汊河口是指与本河同出一源的汊河道与本河的分合处。

19. 平流区域

平流区域是指水流较平缓的运河及水网地带。

20. 渡船

渡船是指内河Ⅰ级航道内，单程航行时间不超过 2 h，或单程航行距离不超过 20 km，其他内河通航水域单程航行时间不超过 20 min 的用于客渡、车渡、车客渡的船舶。

第五章　航行与避让

第一节　行动通则

一、瞭望

船舶应当随时用视觉、听觉以及一切有效手段保持正规的瞭望，随时注意周围环境和来船动态，以便对局面和碰撞危险做出充分的估计。

周围环境，主要是航道和水流情况。如：航道是宽、直，还是狭窄、弯曲；有无浅滩、滩险槽口、矶头及港区、锚地；是否有岸光的影响等。

1. 瞭望的目的

（1）获得周围来船信息　通过瞭望，可以获得周围来船的早期信息，有助于对来船相遇局面做出充分判断，如对遇、交叉相遇、追越（横越），从而确定与来船之间的避让关系，有助于促进航行安全。

（2）对局面做出充分的估计　通过对来船及周边水域环境的瞭望分析，对所处局面做出明确判断。通常应考虑能见度情况、天气情况、水域的水深和宽度、是否属于岛礁水域、船舶交通密度、航线分布情况、该水域的航行习惯、是否属于渔区，以及本船的动力装置、操舵装置、助航设施的特性等方面。

（3）对碰撞危险做出充分的估计　根据所获得的上述来船信息和航海知识与经验，了解和掌握来船的大小、种类、状态和动态以及分布来判明是否与来船存在碰撞危险。

2. 瞭望的手段

瞭望时可用视觉、听觉以及雷达、望远镜、甚高频无线电话等一切有效手段。

（1）视觉瞭望　视觉瞭望是保持正规瞭望的最基本也是最重要的常规手段。其优点是简易、方便、直观，并能迅速地获得准确的信息。视觉瞭望不足之处在于受能见度不良的限制。

（2）**听觉瞭望** 听觉瞭望是能见度不良时保持正规瞭望的基本手段之一。听觉瞭望虽然较视觉瞭望所及的范围要小，但在弯曲航道或能见度不良的情况下，尤其是在浓雾之中，它可以在视觉无法察觉的情况下，获得他船的雾号信息，从而判断他船的大概方位及其动态。听觉瞭望不足之处在于声号传播受外界干扰较大。

（3）**其他有效瞭望手段** 除视觉和听觉瞭望以外，还有望远镜、雷达、船舶间 VHF 通信、船舶与船舶交通管理系统（VTS）中心的通信等瞭望手段。实践中，尽可能交叉使用各种瞭望方法，能够获得来船的早期信息。

3. 瞭望的方法

瞭望时，应当做到先近后远、由右到左、由前到后，务必做到全方位观察；瞭望人员应当来回走动，以消除因视线被大桅、通风筒、将军柱等遮蔽所造成的盲区的影响。

4. 瞭望的注意事项

① 应根据环境和情况配备足够、称职的瞭望人员。

② 瞭望人员应坚守岗位，不得从事与瞭望无关的事项。

③ 瞭望时使用适合当时环境和情况的一切可以使用的手段。

④ 瞭望是连续的、不间断的。

⑤ 瞭望人员做到恪尽职责、认真、谨慎。

⑥ 正确处理好瞭望与其他各项工作的关系。在各项工作中，瞭望是采取避让行动的提前；切不可因为定位、转向、海图作业或履行通信职责等工作影响瞭望。

二、安全航速

船舶在任何时候均应以安全航速行驶，以便能够采取有效的避让行动，防止碰撞。

任何时候，指无论是白天还是黑夜，无论能见度良好还是能见度不良，无论狭窄弯曲航道还是宽直航道，无论通航密集区还是通航密度小的水域等，都应当以安全航速行驶。

① 决定安全航速的因素。

a. 航行条件。如能见度、通航密度、风、浪、流和靠近危险物的情况，吃水与可用水深的关系，背景亮光和周围环境等。

b. 本船特性。如船舶的旋回半径、冲程等操纵性能。

c. 备有可使用雷达的船舶应正确使用。使用雷达的船舶应考虑雷达设备的特性、效率和局限性，天气和他船雷达等干扰源对雷达探测的影响，准确判明移动物标图像还是固定物标图像，善于运用雷达量程转换开关等。

② 以安全航速行驶的机动船经过要求减速的船舶、排筏、地段和船舶装卸区、停泊区，鱼苗养殖区、渡口、施工等易引起浪损的水域，都必须及早控制航速，并尽可能保持较大距离驶过，以免浪损。

及早控制航速，指机动船在发现要求减速的船舶、排筏、地段或易引起浪损水域以后，应主动采取减速措施，当然为避免紧迫危险除外。减速具有三大好处：延长两船的接近时间，使驾驶人员有更多的时间来考虑采取最佳而有效的避让行动；使采取的措施能有较多的时间奏效，避免船舶陷入紧迫危险局面；万一发生碰撞事故，也可以减轻损失。

尽可能，是要求机动船在不影响自身安全或不形成紧迫局面的情况下，离要求减速的船舶、排筏、地段或易引起浪损的水域越远越好。

三、航行原则

① 机动船航行时，上行船应当沿缓流或航道一侧行驶；下行船应当沿主流或航道中间行驶。航道水流有明显缓流、主流之分的，上行船应当靠缓流一侧行驶，下行船应当靠主流行驶。

上行船，是指向河流（潮流河段除外）上游方向航行的船，反之称为下行船。

② 在潮流河段、湖泊、水库、平流区域，任何船舶应当尽可能沿本船右舷一侧航道行驶。因潮流河段受潮汐影响，主流流向做近于180°的往复变化；而湖泊、水库、平流区域，水流平缓，无明显主缓流之分，若要求下行船沿主流航行将会造成航路不定的局面。

③ 设有分道通航、船舶定线制的水域，必须按照有关规定航行和避让。两船对遇或者接近对遇应当以左舷会船。

读一读

分隔带（线）在我国内河使用最早见于1996年1月1日实施的《长江下游分道航行规则》。2003年7月以后，又逐渐使用于长江江苏段、三峡库区、长江安徽段等船舶定线制水域以及长江中游（武汉至宜昌）分道航行水域。

四、避让原则

① 保持高度警惕，密切注意周围环境和来船动态。船舶在航行中要保持高度警惕，当对来船动态不明产生怀疑或声号不统一时，应立即减速、停车，必要时倒车，以防碰撞。

② 采取避让行动，应明确、有效、及早进行，并运用良好的驾驶技术，直至驶过让清为止。

明确，指采取的防止碰撞的行动，应能使他船明白你的避让意图。有效，指所采取的防止碰撞的行动，应取得积极的避让效果。及早，就是在紧迫局面形成之前就应采取防止碰撞的避让行动。

③ 让路船应主动让路，被让路船也应尽可能采取协助避让行动。

④ 两船逼近或已处于紧迫局面时，都应当果断采取最有助于避碰的行动。

果断，就是迅速、毫不犹豫地采取行动。

最有助于避碰的行动，一般采取停车，倒车把船停住，甚至抛锚制止船舶的冲程等行动，若转向避让，应极其谨慎。

两船逼近或已处于紧迫局面时，若再强调让路船让路或寻找引起紧迫局面的原因，势必会造成紧迫危险甚至发生碰撞。因此，要求双方都必须果断采取最有助于避碰的行动。

⑤ 双方声号统一后，不得改变。两艘机动船相遇，双方避让意图经声号统一后，避让行动不得改变，否则极易造成紧迫危险甚至发生碰撞。

⑥ 在任何情况下，在长江干线航行的客渡船都必须避让顺航道或河道行驶的船舶。

第二节　机动船相遇时的避让行动

一、机动船对驶相遇

对驶相遇，是指顺航道行驶的两船来往相遇，包括对遇或者接近对遇、互从左舷或者右舷相遇、在弯曲航道相遇，但不包括两横越船相遇。两艘机动船对驶相遇时：

① 上行船避让下行船（图 5-1），但在潮流河段，逆流船避让顺流船（图 5-2）。在湖泊、水库、平流区域，两船中一船为单船，而另一船为船队

时，则单船避让船队。

② 潮流河段、湖泊、水库、平流区域，两船对遇或者接近对遇，除特殊情况外，应当互以左舷会船（图 5-3）。

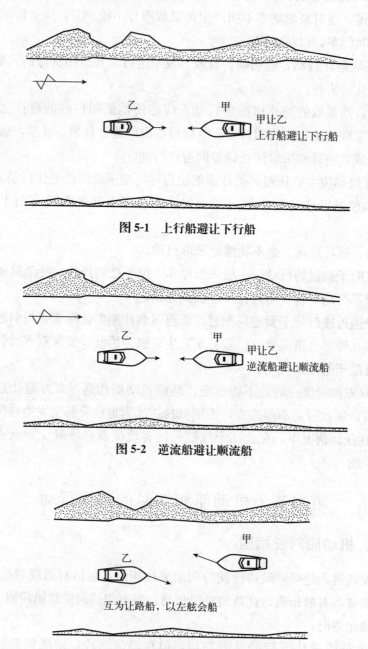

图 5-1 上行船避让下行船

图 5-2 逆流船避让顺流船

图 5-3 互为让路船，以左舷会船

特殊情况：如一艘限于吃水的海船与另一船对驶相遇，深水航道在海船航道左侧，若该船不沿深水航道航行，将会造成航行上的困难，这时双方经统一声号后可互以右舷会船。非特殊情况，《内规》禁止右舷会船。

③ 机动船驶近弯曲航段和不能会船的狭窄航段时，都应按规定鸣放声号，夜间还可以用探照灯向上空照射要求来船或附近船舶注意。遇到来船时，按对驶相遇的规定进行避让，必要时上行船还应当在弯曲航段或不能会船的狭窄航段下方等候下行船驶过。

二、机动船追越

1. 基本概念

追越，指一机动船正从另一机动船正横后大于 22.5°的某一方向赶上、超过该船，可能构成碰撞危险的全过程。

在《内规》中追越船和被追越船都仅指机动船，所以内河非机动船追越或机动船追越非机动船、排筏均不构成追越关系，不适用追越条款。

2. 机动船追越中的注意事项

① 追越船应避让被追越船，不得和被追越船过于逼近，禁止拦阻被追越船的船头。

机动船追越，从开始鸣放追越声号明确要求追越时起，两船即确定为追越与被追越的关系。追越关系一经确定，随后不管双方的相互船位有何种变化，追越船都应当给被追越船让路，直到驶过让清为止（图5-4）。

② 禁止在狭窄、弯曲、险滩航段、桥梁水域和船闸引航道追越或并列行驶。

③ 可追越的航道中，追越船必须按规定鸣放声号，并取得前船同意后，方可追越。

追越声号：

两长一短声：表示追越船要求从前船右舷通过。

两长两短声：表示追越船要求从前船左舷通过。

一长一短一长一短声：表示同意追越。

四短声：表示不同意追越。

④ 被追越船听到追越声号后，应当按规定回答声号，表明是否同意追越。在航道情况和周围环境允许时，被追越船应当同意追越船追越，并应当尽可能采取让出一部分航道和减速等协助避让的行动。

被追越船不同意追越船的追越要求时，应鸣放四短声，表示不同意。

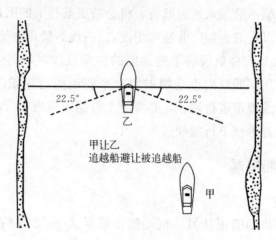

图 5-4　追越船避让被追越船

三、机动船横越和交叉相遇

机动船在横越前，应当注意航道情况和周围环境，在确认无碍他船行驶时，鸣放声号一长声，方可横越。

无碍他船行驶，指横越船在横越来船船首正前方时，必须距被横越船船首有足够的安全距离。

除机动船间相遇避让的其他规定外，机动船在横越和交叉相遇时，应执行下列避让规定：

① 横越船都必须避让顺航道或河道行驶的船，并不得在顺航道行驶的船前方突然和强行横越（图 5-5）。

横越航道的船舶与《内规》中穿越狭水道或航道的船舶，都必须承担避让顺航道船的义务，而穿越通航分道的船舶不一定就是让路船，由谁让路取决于相遇时所处的位置。

② 同流向的两艘横越船交叉相遇，应给右舷的他船让路（图 5-6）。

同流向的两艘机动船交叉相遇时，水流对双方的操纵影响相同，让路船一般采取调顺船身、减速或绕船尾的避让措施。

③ 不同流向的两横越船相遇，上行船避让下行船，但在潮流河段逆流船避让顺流船（图 5-7）。

④ 平流区域两横越船相遇，上行船避让下行船，同为上行或下行横越

船时，应给右舷的他船让路。

⑤ 湖泊、水库两船交叉相遇，应给右舷的他船让路。

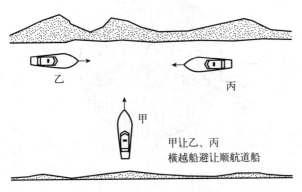

图 5-5　横越船避让顺航道船

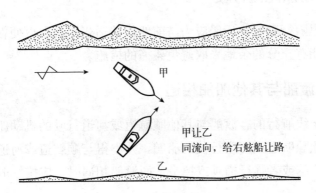

图 5-6　同流向横越船避让关系

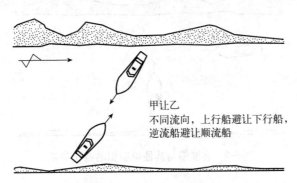

图 5-7　不同流向横越船避让关系

一般情况下，3 种会遇局面的方位关系如图 5-8 所示。

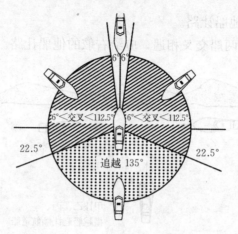

图 5-8　船舶会遇态势

四、机动船尾随行驶

机动船尾随行驶时，后船应当与前船保持适当距离，以便在前船突然发生意外时，能有充分的余地采取避免碰撞的措施。

五、客渡船与其他船舶相遇

在长江干线航行的客渡船与其他顺航道或河道行驶的机动船相遇，客渡船都必须避让顺航道或河道行驶的船舶，并不得与顺航道或河道行驶的船舶抢航、强行追越或者强行横越或掉头。两渡船相遇时，应按一般机动的规定进行避让（图 5-9）。

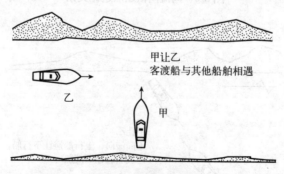

图 5-9　客渡船与其他船舶相遇避让关系

六、机动船在干、支流交汇水域相遇

一般把干、支流交汇水域限制在支流河口附近较小范围的水域，其范围以不超过河口缓流为宜。

机动船驶经支流河口，在遵守航行原则的前提下，应尽可能绕开行驶。两艘机动船在干、支流交汇水域相遇时（平流区域除外）的避让关系如下：

① 从干流驶进支流的船，避让从支流驶出的船（图5-10）。

② 干流船同从支流驶出的船同一流向行驶，干流船避让从支流驶出的船（图5-11）。

③ 干流船同从支流驶出的船不同流向行驶，上行船避让下行船，但潮流河段逆流船避让顺流船（图5-12）。

两艘机动船在平流区域进出干、支流交汇水域相遇时，应给右舷的他船让路。

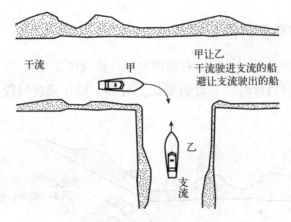

图5-10 干流驶进支流的船避让支流驶出的船

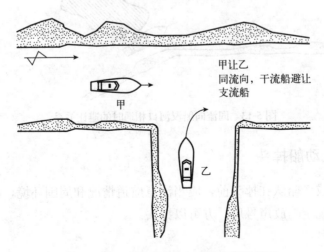

图5-11 同流向干支流船相遇时的避让关系

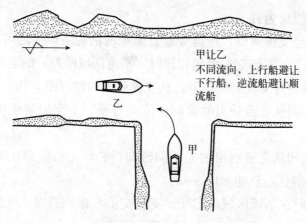

图 5-12　不同流向干支流船相遇时的避让关系

七、机动船在汊河口相遇

① 同一流向行驶时，应给右舷的他船让路（图 5-13）。

② 不同流向行驶时，上行船避让下行船，但在潮流河段逆流船避让顺流船（图 5-14）。

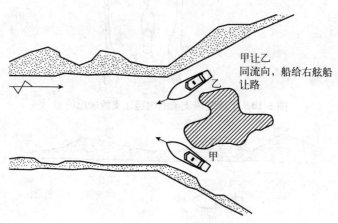

图 5-13　同流向船汊河口相遇时的避让关系

八、机动船掉头

机动船或者船队在掉头前，应当注意航道情况和周围环境，在无碍他船行驶时，按规定鸣放声号后，方可以掉头。

掉头声号：

一长一短声：表示我向右掉头。

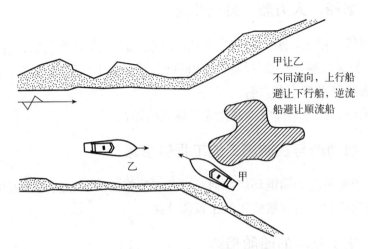

甲让乙
不同流向，上行船
避让下行船，逆流
船避让顺流船

图 5-14　不同流向船汊河口相遇时的避让关系

一长两短声：表示我向左掉头。

过往船舶听到声号后应当减速等候或者绕开正在掉头的船舶行驶。

第三节　船舶相遇时的避让行动

一、机动船与人力船、帆船、排筏相遇

除快速船外，机动船与人力船、帆船、排筏相遇时，船舶、排筏均应当遵守下列规定：

①机动船发现人力船、帆船有碍本船航行时，应当鸣放引起注意和表示本船动向的声号。人力船、帆船听到声号或者见到机动船驶来时，应当迅速离开机动船航路或者尽量靠边行驶。机动船发现与人力船、帆船距离逼近，情况紧急时，也应当采取避让行动。

②人力船、帆船除按当地主管部门规定的航线航行外，不得占用机动船航道或航路。

③人力船、帆船不得抢越机动船船头或者在航道上停桨流放，不得驶进机动船刚刚驶过的余浪中去，不得在狭窄、弯曲、滩险航段、桥梁水域和船闸引航道妨碍机动船安全行驶。

④人工流放的排筏见到机动船驶来，应当及早调顺排身，以便于机动船避让。

二、帆船、人力船、排筏相遇

① 两帆船相遇，顺风船应当避让抢风船；两船都是顺风船或者抢风船，左舷受风船应当避让右舷受风船；两船同舷受风，上风船应当避让下风船。

② 帆船应当避让人力船。

③ 帆船、人力船都应当避让人工流放的排筏。

三、机动船与在航施工的工程船相遇

无论当时情况和周围环境如何，以及在航施工的工程船是否占用来船航道等，机动船均应给在航施工的工程船让路。

四、限于吃水的船舶相遇

① 在长江干线航行的客渡船必须避让限于吃水的船舶。

② 限于吃水的船舶遇有来船时，应当及早发出会船声号。除在航施工的工程船外，来船都必须避让限于吃水的船舶并为其让出深水航道。两艘限于吃水的船舶相遇时，应当按一般机动船的规定进行避让。

五、快速船相遇

快速船在航时，应当宽裕地让清所有船舶。两快速船相遇时，应当按一般机动船的规定进行避让。

第四节　船舶在能见度不良时的行动及其他

一、船舶在能见度不良时的行动规则

船舶在能见度不良的情况下航行，由于视线不清，能见距离缩短，一般两船相互发现时已较近，加上航道狭窄甚至弯曲，从而增加了避让上的困难。因此在能见度不良情况下航行时必须做到：

① 以适合当时环境和情况的安全航速行驶，加强瞭望，并按规定鸣放声响信号。

② 使用雷达设备测到他船时，应当判定是否存在碰撞危险。若有碰撞危险，应当及早地与对方联系并采取协调一致的避让行动。

③ 除已判定不存在碰撞危险外，每一船舶当听到他船雾号不能避免紧

迫局面时，应将航速降至维持其航向操纵的最小速度。

④ 任何船舶都应当极其谨慎地驾驶，直到碰撞危险解除为止，必要时及早选择安全地点锚泊。

二、靠泊、离泊与停泊时的行动规则

1. 靠泊、离泊

机动船靠泊、离泊位前，应当注意航道情况和周围环境，在无碍他船行驶时，按规定鸣放声号后，方可行动。

正在此水域附近行驶的船舶，听到他船的靠泊、离泊声号后，应当绕开行驶或减速等候，不得抢挡。

2. 停泊

① 船舶、排筏在锚地锚泊不得超出锚地范围，系靠不得超过规定的尺度，停泊不得遮蔽助航标志、信号。

② 禁止船舶、排筏在狭窄、弯曲航道或者其他有碍他船航行的水域锚泊、系靠。

③ 除工作需要外，过往船舶不得穿行锚地。

工作需要包括进行医疗救助、水上抢险等。

三、渔船和失去控制的船舶的行动规则

1. 渔船捕鱼时的行动规则

渔船是指使用网具、绳钓或其他使其操纵能力受到限制的船舶，但不包括曳绳钓或其他不使其操纵能力受到限制的船舶。

① 渔船捕鱼时，不得阻碍其他船舶航行。

② 在航道上不得设置固定渔具。

2. 失去控制的船舶的行动规则

失去控制的船舶是指由于某种异常情况而不能按照规则规定给他船让路的船舶。

失去控制的机动船、非自航船应当及早选择安全地点锚泊，严禁非自航船舶自行流放。

安全地点，一般是说船舶在锚地或远离航道（至少航道外）的水域锚泊是安全的。当然，在附近无锚地的情况下，选择离航道越远的水域锚泊越安全。

第六章　号灯、号型、声响信号

第一节　号灯与号型基本知识

一、号灯和号型的作用

① 表明船舶的大小，如仅显示一盏桅灯的机动船表示其长度小于 50 m。

② 表明船舶的种类，如垂直红白红三盏环照灯和球体、菱形体、球体号型表示船舶操纵能力受到限制。

③ 表明船舶的动态，如舷灯和尾灯表示在航。

④ 表明船舶的工作性质，如锚灯表示船舶正在锚泊。

二、号灯和号型的显示时间

1. 号灯的显示时间

① 从日没到日出。

② 能见度不良的白天，即从日出到日没。

③ 其他一切认为必要的情况下。所谓必要的情况通常是指晨昏蒙影期间、能见度良好但由于各种原因天色较暗时的白天以及能见度不良水域附近等情况。

2. 号型的显示时间

号型应自日出至日没，即白天都应显示。号型的显示时间不受能见度的影响。日出前及日没后的晨昏蒙影期间，应同时显示号灯和号型。

3. 显示号灯、号型的注意事项

① 开航前应当检查各号灯是否能正常显示，并备妥号型和应急号灯。

② 在交接班时应检查号灯是否工作正常，若发现损坏或熄灭，应当及时更换或修复。

③ 航行中发现他船时，应检查本船的号灯是否正常显示。

④ 注意检查本船有无其他会被误认为或干扰号灯特性的灯光，如有的

话，则应及时处理。

⑤ 不得显示不符合本船情况的号灯或号型。如主机故障失控，应当显示失去控制的船舶的号灯或号型，但主机修复后应当立即关闭这种号灯或号型，显示机动船的号灯或号型。

三、号灯的定义与能见距离

1. 号灯的定义

① 桅灯是指安置在船舶的桅杆上方或者首尾中心线上方的号灯，在225°的水平弧内显示不间断的灯光，其装置要使灯光从船舶的正前方到第一舷正横后 22.5°内显示。

② 舷灯是指安置在船舶最高甲板左右两侧的左舷的红光灯和右舷的绿光灯，各自在 112.5°的水平弧内显示不间断的灯光，其装置要使灯光从船舶的正前方到各自一舷的正横后 22.5°内分别显示。

③ 尾灯是指安置在船尾正中的白光灯，在 135°的水平弧内显示不间断的灯光，其装置要使灯光从船舶的正后方到第一舷 67.5°内显示。尾灯的高度应当尽可能与舷灯保持水平，但不得高出舷灯。

④ 船首灯是指安置在被顶推驳船首的一盏白光灯，在 180°的水平弧内显示不间断的灯光，其装置要使灯光从船舶的正前方到每一舷 90°内显示，但不得高于舷灯。

⑤ 环照灯是指在 360°的水平弧内显示不间断灯光的号灯。

⑥ 红闪光灯、绿闪光灯是指安置在舷灯上方左红、右绿的闪光环照灯，其频率为每分钟 50～70 闪次。

船舶长度小于 12 m 的机动船也可以用红、绿光手电筒代替红、绿闪光灯，但应当保持灯光明亮，颜色清晰分明。

⑦ 黄闪光灯是指安置在快速船桅杆上的黄闪光环照灯，其频率为每分钟 50～70 闪次。

⑧ 红、绿光并合灯是指安装在桅灯的位置，分别从船舶的正前方到左舷正横后 22.5°内显示红光，到右舷正横后 22.5°内显示绿光的一盏并合灯。

⑨ 红、白、绿光三色灯是指安装在桅灯的位置，从船舶的正前方到左舷正横后 22.5°内显示红光，到右舷正横后 22.5°内显示绿光，从船舶的正后方到每舷 67.5°内显示白光的并合灯。

船舶桅灯、舷灯和尾灯的水平照射弧度如图6-1所示。

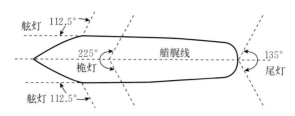

图6-1　船舶桅灯、舷灯和尾灯的水平照射弧度

2. 号灯的能见距离

号灯的能见距离是指在大气透射率为0.8的黑夜，用正常目力能见到的规定的号灯距离，如表6-1所示。表中所示能见距离为最小能见距离。

表6-1　号灯能见距离

号灯类型	能见距离（km）		
	船长≥50 m	30≤船长<50 m	船长<30 m
桅　灯	6	5	3
舷　灯	4	3	2
尾　灯	4	3	2
环照灯	4	3	2
闪光灯	4	3	2
船首灯		2	
人力船、帆船、排筏和船长<12 m 的机动船的白色环照灯		2	
红、绿光并合灯和 红、白、绿光三色灯		1	

第二节　船舶显示的号灯、号型

一、在航机动船

① 船长<50 m，显示一盏桅灯、两盏舷灯、一盏尾灯（图6-2）；船长≥50 m，还应在后桅显示第二盏桅灯（图6-3）。

② 除显示上述在航机动船的号灯外，快速船还应显示一盏黄闪光灯，不论能见度如何，该闪光灯在昼夜都必须显示（图6-4），限于吃水的海船还

应显示三盏红色环照灯或者悬挂一个圆柱体号型（图6-5、图6-6）。

③ 船长≤12 m 的机动船（不包括快速船），不具备条件的，可以显示一盏白色环照灯和一盏红、绿光并合灯，也可以显示一盏红、白、绿光三色合座灯以代替环照灯和并合灯如图6-7所示。

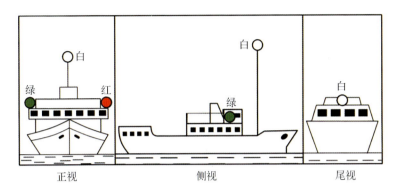

图6-2　机动船（船长＜50 m）**在航时的号灯**

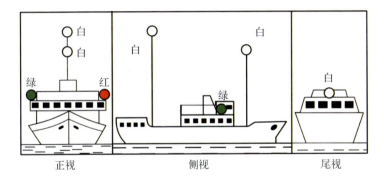

图6-3　机动船（船长≥50 m）**在航时的号灯**

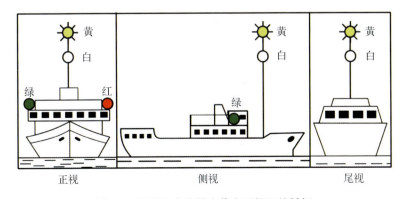

图6-4　快速船在非排水状态下航行的号灯

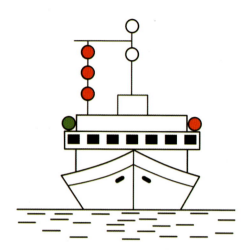

图 6-5　限于吃水的船舶在航时的号灯

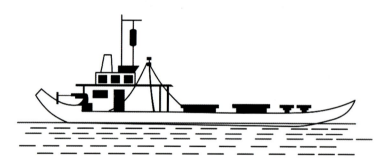

图 6-6　限于吃水的船舶在航时的号型

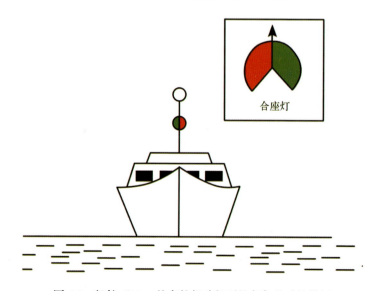

图 6-7　船长≤12 m 的在航机动船不具备条件时的号灯

二、在航的人力船、帆船、排筏

① 人力船、帆船在航时，应当在船尾最易见处显示一盏白光环照灯。帆船遇见机动船驶来时，应当及早在船头显示另一盏白光环照灯或者白光手电筒，直到机动船驶过为止。

② 人力船、帆船由于操作上的困难，确实不能按照机动船要求方向避让时，夜间应当用白光灯或者白光手电筒，白天用白色信号旗左右横摇。

③ 排筏流放时，应当在前后高出排面至少 1 m 处显示白光环照灯各一盏。

三、在航的船队

1. 拖船除显示舷灯、尾灯外，还应当按拖带形式显示号灯

① 吊拖或者吊拖又顶推船舶时，显示白光桅灯两盏。

② 顶推船舶、排筏时，显示三盏白光桅灯。拖船显示上述号灯有困难时，可以改在船队中最适宜的船舶上显示。

③ 吊拖排筏时，显示白、绿、白光桅灯各一盏。

④ 吊拖船舶、排筏的拖船，为便于被吊拖船舶或者排筏操舵，也可以在烟囱或者桅的后面，高于尾灯的位置显示另一盏白光灯，但灯光不得在正横以前显露。

2. 两艘以上拖船共同拖顶组成一个船队时，应当按拖带形式显示号灯

① 共同顶推船舶、排筏时，应当在一艘拖船上显示顶推船队的号灯，其余拖船只显示被顶推船号灯。

② 前后吊拖船舶、排筏或者采用又吊拖又顶推的混合队形时，最前面一艘拖船显示吊拖号灯，后面的拖船只显示被拖船的号灯。

3. 被吊拖、顶推的船舶或者排筏在航时，应当显示的号灯

① 被吊拖、顶推的船舶应当显示红、绿光舷灯。被编组为多排数列式队形时，应当在最左边的一列船舶只显示红光舷灯，在最右边的一列船舶只显示绿光舷灯。顶推船队中最前一艘船的船首，应当显示一盏白光船首灯，其灯光不得在正横后显露。被顶推船的船尾超过拖船船尾时，还应当显示白光尾灯。吊拖船队中最后一排船应当显示白光尾灯。

② 船舶长度未满 30 m 的船舶被吊拖为单排一列式时，每艘船可以显示

一盏白光环照灯以代替红、绿光舷灯。

③ 人力船、帆船、物体在被吊拖、顶推时，应当显示一盏白光环照灯，被顶推时灯光不得在正横后显露。当编组为多排数列式时，则在左、右最外一列显示。

④ 排筏被吊拖时，应当在排筏四角高出排面至少 1 m 处显示白光环照灯各一盏；被顶推时，在排首两角高出排面至少 1 m 处显示白光环照灯各一盏，其灯光不得在正横后显露。

四、停泊船舶

停泊与锚泊是有区别的，停泊包括锚泊、系靠、帮靠等。

① 机动船、非自航船停泊，显示一盏白光环照灯；船长≥50 m，还应在前部和尾部各显示一盏白光环照灯，白天锚泊，悬挂一个球体（图 6-8、图 6-9）

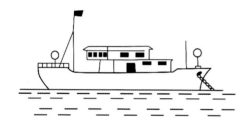
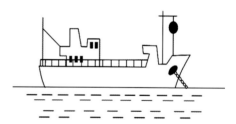

图 6-8　船舶（船长 50 m）锚泊的号灯　　　图 6-9　船舶（船长不限）锚泊的号灯

② 人力船、帆船停泊，显示一盏白光环照灯；排筏停泊，在靠航道一侧，前部和后部各显示一盏白光环照灯。

人力船、帆船和排筏在白天停泊，不要求显示信号。

③ 停泊的船舶、排筏向外伸出有碍其他船舶行驶的缆索、锚、锚链或者其他类似的物体时，应在伸出的方向，显示一盏红光环照灯或者悬挂一面红色号旗。

五、搁浅的机动船、非自航船

搁浅的机动船、非自航船除显示停泊号灯外，应垂直显示两盏红光环照灯或者悬挂三个球体（图 6-10、图 6-11）。

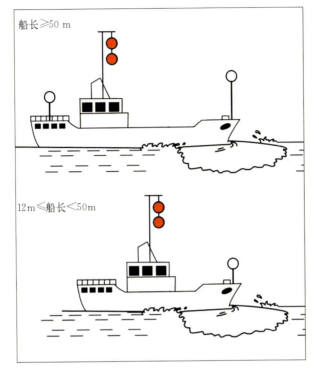

图 6-10　搁浅船的号灯

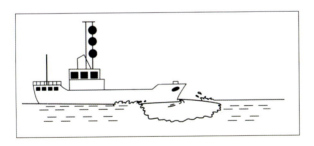

图 6-11　搁浅船的号型

六、要求减速的船舶

要求减速的船舶、排筏或者地段，应在桅杆横桁处或在地段上、下两端显示绿、红光两盏环照灯或者悬挂一组"RY"信号旗。

七、工程船

工程船未进入工地或者已撤出工地时，应当显示一般船舶规定的信号，进入工地时，应当按规定显示下列号灯、号型：

① 工程船在工地位置固定时，夜间显示三盏环照灯，其连线构成尖端向上的等边三角形，三角形顶端为红光环照灯，底边两端，通航的一侧为白光环照灯，不通航的一侧为红光环照灯。白天在桅杆横桁两端各悬挂号型一个，通航的一侧为圆球，不通航的一侧为"十"字号型（图6-12）。

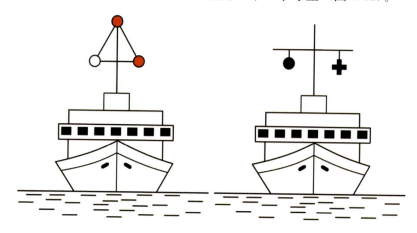

图6-12　工程船的号灯、号型

② 自航工程船在航施工时，除显示机动船在航号灯外，夜间显示红、白、红光环照灯各一盏，白天悬挂圆球、菱形、圆球号型各一个（图6-13、图6-14、图6-15）。被拖船拖带的工程船在航施工时，除按在航的船队规定显示号灯外，还应当显示与自航工程船在航施工时相同的号灯、号型。同时显示锚灯。

③ 工程船所伸出的排泥管，应当在管头和管尾并

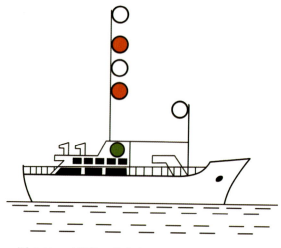

图6-13　工程船（从事清除水雷作业、拖带作业、疏浚或水下作业的除外）在航的号灯

每隔50 m距离，显示白光环照灯一盏。

船舶有潜水员在水下作业时，夜间应当显示一盏红光环照灯，白天悬挂一面

"A"字信号旗。还应当显示锚灯（图6-16）。

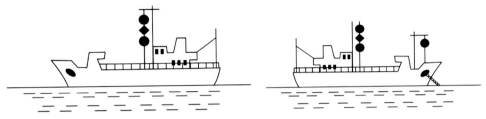

图6-14　工程船在航的号灯　　　　图6-15　工程船锚泊的号灯

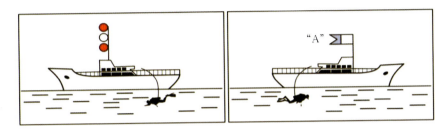

图6-16　从事潜水作业船舶的号灯

八、掉头的船舶

船长≥30 m的机动船或船队，在掉头前5 min应显示红、白光两盏环照灯或者悬挂上由一个球体下为一面回答旗所组成的信号，掉头完毕后熄灭或落下。

九、渔船

① 机动船捕鱼，除显示机动船在航或锚泊的号灯外，应显示绿、白光两盏环照灯或者悬挂尖端相对的两个圆锥体所组成的号型（图6-17、图6-18）。

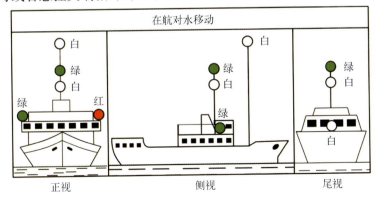

图6-17　从事捕鱼船舶的号灯

图 6-18 从事捕鱼船舶的号型

② 人力船、帆船捕鱼，不论在航或者停泊，均应显示一盏白光环照灯或者悬挂一个篮子。

③ 渔船有外伸渔具时，应在渔具伸出方向显示一盏白光环照灯或者悬挂一面三角红旗。

渔船不从事捕鱼作业时，应显示为一般船舶规定的信号。

十、失去控制的船舶

失去控制的机动船、非自航船，除显示舷灯、尾灯外，还应垂直显示两盏红光环照灯或者悬挂两个球体。失去控制的船舶停泊后，应显示停泊船规定的信号（图 6-19、图 6-20）。

> **📖 读一读**
>
> **1. 装运危险货物**
>
> 装运易爆、易燃、剧毒、放射性危险货物的船舶在停泊、装卸及航行中，除显示一般船舶规定的信号外，应在桅杆横桁上显示一盏红光环照灯或者悬挂一面"B"字信号旗。
>
> **2. 船舶眠桅**
>
> 船舶通过桥梁、架空设施需要眠桅不能按规定显示桅灯时，应在两舷灯光源连线中点上方不受遮挡处显示一盏白光环照灯代替桅灯。通过后立即恢复原状。
>
> **3. 监督艇和航标艇**
>
> 监督艇执行公务时，显示舷灯、尾灯和一盏红闪光旋转灯。航标艇在航时显示舷灯、尾灯和两盏绿光环照灯，停泊时显示两盏绿光环照灯。

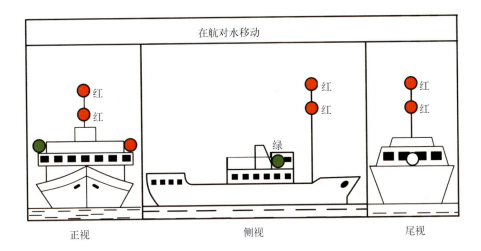

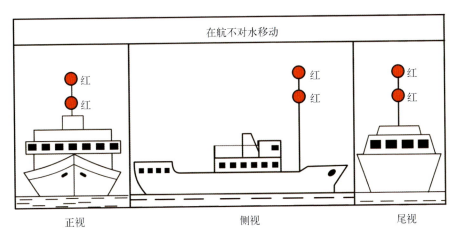

图 6-19　失去控制的船舶的号灯

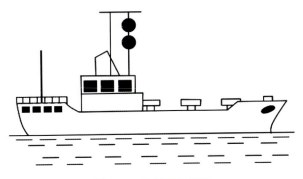

图 6-20　失控船的号型

第三节　声响信号

一、声号设备及配备

1. 定义

（1）短声　指历时约 1 s 的笛声。

（2）长声　指历时 4～6 s 的笛声。

（3）声号间隔时间　一组声号中各笛声的间隔时间约为 1 s，组与组声号的间隔时间约为 6 s。

2. 配备

（1）机动船　配备一个号笛和一个号钟。船长≥30 m，号笛可听距离≥2 000 m，号钟直径≥300 mm；船长＜30 m，号笛可听距离≥1 000 m，号钟直径≥200 mm。

（2）非自航船、人力船、帆船和排筏　配备一个号钟或者其他有效响器。

二、机动船声号的种类和含义

（1）一短声　表示我正在向右转向。当和其他船舶对驶相遇时，表示要求从我左舷会船。

（2）两短声　表示我正在向左转向。当和其他船舶对驶相遇时，表示要求从我右舷会船。

一短声、两短声，在表示会船要求时，只限于对驶相遇，还应配合使用红、绿闪光灯或挥动白色号旗，非对驶相遇，只表示来船的动向。

（3）三短声　表示我正在倒车或者有后退倾向。

船舶在使用倒车前，应先鸣放三短声，不可先倒车后鸣号。虽未倒车，实际上船舶在后退中或有后退倾向时，也应鸣放三短声，以引起船尾附近的其他船舶注意。

（4）四短声　表示不同意你的要求。

凡他船提出要求，你不同意时都可以鸣放四短声，而不限于在不同意追越时使用。

（5）五短声　表示怀疑对方是否已经采取充分避让行动，并警告对方注意。

（6）一长声　表示我将要离泊、我将要横越，以及要求来船或者附近船舶注意。

一长声是一般示警声号，它使用的地方较多，如驶近弯曲航段，不能会船的狭窄航段，横越航道前，离开泊位以及机动船发现人力船或帆船有碍本船航行等。

（7）两长声　表示我要靠泊或者我要求通过船闸。

船舶靠码头、趸船、坡岸、浮筒或锚泊，或靠其他船舶之前，都应鸣放两长声，以引起正在上述地点附近行驶的船舶注意。在确认周围环境没有妨碍后，才能采取靠泊行动。其他船舶听到两长声或者见到靠泊船舶正在进行靠泊时，必须绕开行驶，不得抢挡航行。

（8）三长声　表示有人落水。

（9）一长一短声　掉头时，表示我向右掉头。进出干、支流或汊河口时，表示我将要或者正在向右转弯。

（10）一长两短声　掉头时，表示我向左掉头。进出干、支流或汊河口时，表示我将要或者正在向左转弯。

（11）常见的声号还有以下几种

一长三短声：表示拖船通知被拖船舶、排筏注意。

两长一短声：表示追越船要求从前船右舷通过。

两长两短声：表示追越船要求从前船左舷通过。

一长一短一长声：表示我希望和你联系。

一长一短一长一短声：表示同意你的要求。凡在航行中他船有所要求而你认为可以同意时，均可使用。

一长两短一长声：表示要求来船同意我通过。

一短一长一短声：表示要求他船减速或者停车。

一短一长声：表示我已减速或者停车。

两短一长声：能见度不良时，表示我是客渡船。

三、船舶相遇时声号的应用

① 两艘机动船对驶相遇，下行船（潮流河段的顺流船）应在相距1 000 m以上处谨慎考虑航道情况和周围环境，及早鸣放会船声号。上行船（潮流河段的逆流船）听到声号后，如无特殊情况，应当立即回答相应的会船声号。在鸣放会船声号的同时，还应当配合使用红、绿闪光灯或者白色

号旗。

鸣放一短声，连续显示红闪光灯或者在左舷挥动白色号旗，表示要求来船从我船左舷会过，鸣放两短声，连续显示绿闪光灯或者在右舷挥动白色号旗，表示要求来船从我船右舷会过。

船长＜12 m 的机动船也可以用红、绿光手电筒代替红、绿闪光灯，但应当保持灯光明亮，颜色清晰分明。

在受船舶条件、航道条件及周围环境等的限制，船舶不能按会船要求进行避让的特殊情况下，应立即用声号表明本船动态。

② 机动船发现人力船、帆船有碍本船航行，要求其让路，应当鸣放一长声示警，并鸣放一短声或两短声表示本船动向。

③ 机动船驶经支流河口或者汊河口前，应鸣放一长声示警；进出干、支流或者汊河口前，向右转弯应鸣放一长一短声，向左转弯应鸣放一长两短声。

④ 机动船与在航施工的工程船对驶相遇，机动船应在相距 1 000 m 以外鸣放一长声，待工程船发出会船声号后，机动船方可回答相应的会船声号，并谨慎通过。

四、能见度不良时的声响信号

① 在航机动船应以每隔约 1 min 的间隔鸣放一长声，在航人力船、帆船、排筏应以每隔约 1 min 的间隔急敲号钟或者其他有效响器约 5 s。

② 锚泊的机动船、非自航船、排筏应以每隔约 1 min 的间隔急敲号钟或者其他有效响器约 5 s。锚泊的人力船、帆船在听到来船声号后，应不间断地急敲号钟或者其他有效响器，直到判定来船已对本船无碍时为止。

 读一读

> ### 遇 险 信 号
>
> ① 船舶遇险需要其他船舶救助时，应当同时或者分别使用下列信号。
>
> a. 用号笛、号钟或者其他任何有效响器连续发出急促短声。
>
> b. 用无线电报或者其他通信方法发出莫尔斯码组···———···（SOS）的信号。

c. 用无线电话发出"求救"或者"梅代"（MAYDAY）语音的信号。

d. 在船上燃放火焰。

e. 人力船、帆船遇险时白天摇红色号旗，夜间摇红光灯或者红光手电筒。

② 任何船舶如见他船遇险，均可代发求救信号，但应说明遇险船的船名和船位。

③ 除船舶遇险需要救助外，禁止使用与遇险信号相混淆的其他信号。

第三篇
船舶管理

第七章 渔业法律法规

第一节 渔业船员管理

《中华人民共和国渔业船员管理办法》由农业部 2014 年 5 月 23 日颁布，2015 年 1 月 1 日起施行。该办法明确渔业船员实行持证上岗的制度。

一、渔业船员分类

渔业船员是指服务于渔业船舶，在渔业船舶上具有固定工作岗位的人员。

1. 职务船员

职务船员是负责船舶管理的人员，分为：

① 驾驶人员，职级包括船长、船副、助理船副。

② 轮机人员，职级包括轮机长、管轮、助理管轮。

③ 机驾长。

④ 电机员。

⑤ 无线电操作员。

电机员和无线电操作员适用于较大的渔业船舶。

2. 普通船员

普通船员是指职务船员以外的其他船员。

二、内陆渔业职务船员证书等级划分

渔业船员实行持证上岗制度。渔业船员应当按照本办法的规定接受培训（图 7-1），经考试或考核合格、取得相应的渔业船员证书（图 7-2）后，方可在渔业船舶上工作。

1. 驾驶人员证书

一级证书：适用于船舶长度 24 m 以上设独立机舱的渔业船舶。

图 7-1　渔业船员接受培训

图 7-2　内陆渔业船员证书

二级证书：适用于船舶长度不足 24 m 设独立机舱的渔业船舶。

2. 轮机人员证书

一级证书：适用于主机总功率 250 kW 以上设独立机舱的渔业船舶。

二级证书：适用于主机总功率不足 250 kW 设独立机舱的渔业船舶。

3. 机驾长证书

适用于无独立机舱的渔业船舶，驾驶与轮机岗位合一的船员。

内陆渔业船舶职务船员职级划分由各省级人民政府渔业主管部门参照海洋渔业职务船员职级，根据本地情况自行确定，报农业部备案施行。

三、申请渔业船员证书的条件

1. 普通船员

申请渔业普通船员证书应当具备的条件：①年满 16 周岁；②符合渔业船员健康标准；③经过基本安全培训。

2. 职务船员

申请渔业职务船员证书应当具备的条件：①持有渔业普通船员证书或下一级相应职务船员证书；②年龄不超过 60 周岁，对船舶长度不足 12 m 或者主机总功率不足 50 kW 渔业船舶的职务船员，年龄资格上限可由发证机关根据申请者身体健康状况适当放宽；③符合任职岗位健康条件要求；④具备相应的任职资历条件，且任职表现和安全记录良好；⑤完成相应的职务船员培训。

读一读

渔业船员健康标准

1. 视力（采用国际视力表及标准检查距离）

（1）驾驶人员　两眼裸视力均 0.8 以上，或裸视力 0.6 以上且矫正视力 1.0 以上。

（2）轮机人员　两眼裸视力均 0.6 以上，或裸视力 0.4 以上且矫正视力 0.8 以上。

2. 辨色力

（1）驾驶人员　辨色力完全正常。

（2）其他渔业船员　无红绿色盲。

3. 听力

双耳均能听清 50 cm 距离的秒表声音。

4. 其他

① 患有精神疾病、影响肢体活动的神经系统疾病、严重损害健康的传染病和可能影响船上正常工作的慢性病的，不得申请渔业船员证书。

② 肢体运动功能正常。

③ 无线电人员应当口齿清楚。

读一读

申请内陆渔业职务船员证书资历条件

1. 初次申请

在相应渔业船舶担任普通船员实际工作满 24 个月。

2. 申请证书等级职级提高

持有下一级相应职务船员证书，并实际担任该职务满 24 个月。

四、渔业船员考试发证

（一）内陆渔业职务船员

内陆渔业职务船员证书考试包括理论考试和实操评估。

1. 理论考试

（1）驾驶人员　理论三科：渔船驾驶、避碰规则及船舶管理。

（2）轮机人员　理论三科：渔船主机、机电常识、轮机管理。

（3）机驾长　理论一科：内容包括法律法规、避碰规则、渔船驾驶、轮机常识。

2. 实操评估

（1）驾驶人员　实操一科：内容包括船舶操作和船舶应急处理。

（2）轮机人员　包括动力设备操作、动力设备运行管理、机舱应急处置等方面的内容。

（3）机驾长　实操一科：小型渔船操控。

（二）内陆渔业普通船员

1. 理论考试

理论一科：内容包括水上求生、船舶消防、急救、渔业安全生产操作规程等。

2. 实操评估

实操一科：内容包括求生、消防、急救等。

（三）渔业船员证书考试考核规定

渔业船员考试包括理论考试和实操评估。渔业船员考核由渔政渔港监督管理机构根据实际需要和考试大纲，选取适当科目和内容进行。

对考试中作弊、代考、不服从考场管理的考生，应当取消其考试资格，且 2 年内不得申请渔业船员证书考试。部分考试科目成绩不合格的，可自考试成绩公布之日起 24 个月内，根据考试发证机关的安排参加补考，补考次数不超过 2 次，逾期或补考 2 次仍不能通过全部考试的，需重新参加培训考试。

（四）渔业船员证书的换发和补发

渔业船员证书的有效期不超过 5 年。证书有效期满，持证人需要继续从事相应工作的，应当在证书有效期满前，向有相应管理权限的渔政渔港监督管理机构申请换发证书。考试发证机关可以根据实际需要和职务知识技能更新情况组织考核，对考核合格的，换发相应渔业船员证书。

有效期内的渔业船员证书损坏或丢失的，持证人应当凭损坏的证书原件或在原发证机关所在地报纸刊登的遗失声明，向原发证机关申请补发。补发的渔业船员证书有效期应当与原证书有效期一致。

渔业船员证书有效期满即为失效，对失效时间不足 5 年的，如持证人申请换证，考试发证机关可视情况进行考核换证。

渔业船员证书失效时间超过 5 年的，不允许换证，持证人应当按规定参加培训考试，重新申请原等级原职级证书。

渔业船员证书被吊销的，自吊销之日起 5 年内，持证人不得申请证书，5 年后应当按规定参加培训考试，申请渔业普通船员证书。

（五）渔业船员证书违规使用处理

渔业船员证书禁止伪造、变造、转让。

违反本办法规定，以欺骗、贿赂等不正当手段取得渔业船员证书的，由渔政渔港监督管理机构撤销有关证书，可并处 2 000 元以上 1 万元以下罚款，3 年内不再受理其渔业船员证书申请。

伪造、变造、转让渔业船员证书的，由渔政渔港监督管理机构收缴有关证书，并处 2 000 元以上 5 万元以下罚款；有违法所得的，没收违法所得；构成犯罪的，依法追究刑事责任。

第二节　渔业船舶管理

一、船舶检验

《中华人民共和国渔业船舶检验条例》（2003 年 6 月 27 日国务院第 383 号公布，2003 年 8 月 1 日起施行）规定，国家对渔业船舶实行强制检验制度。强制检验分为初次检验、营运检验和临时检验（图 7-3）。

图 7-3　强制检验制度

1. 初次检验

渔业船舶的初次检验，是指渔业船舶检验机构在渔业船舶投入营运前对其所实施的全面检验。申请渔业船舶初次检验的范围：

① 制造的渔业船舶。

② 改造的渔业船舶（包括非渔业船舶改为渔业船舶、国内作业的渔业船舶改为远洋作业的渔业船舶）。

③ 进口的渔业船舶。

2. 营运检验

渔业船舶的营运检验，是指渔业船舶检验机构对营运中的渔业船舶所实施的常规性检验。营运检验的主要项目：

① 渔业船舶的结构和机电设备。

② 与渔业船舶安全有关的设备、部件。

③ 与防止污染环境有关的设备、部件。

④ 国务院渔业行政主管部门规定的其他检验项目。

3. 临时检验

渔业船舶的临时检验，是指渔业船舶检验机构对营运中的渔业船舶出现特定情形时所实施的非常规性检验。申请临时检验的情形：

① 因检验证书失效而无法及时回船籍港的。

② 因不符合水上交通安全或者环境保护法律、法规的有关要求被责令

检验的。

③ 具有国务院渔业行政主管部门规定的其他特定情形的。

渔业船舶所有人或者经营者发生上述情形之一的，应当向渔业船舶检验机构申报临时检验。

二、船舶登记

渔业船舶只有申请船舶登记，并取得渔业船舶国籍证书后，方可悬挂中华人民共和国国旗航行。《中华人民共和国渔业船舶登记办法》（农业部令 2012 年第 8 号公布，2013 年 1 月 1 日起施行）是渔业船舶登记的法律依据。

（一）渔业船舶船名

渔业船舶只能有一个船名，渔业船舶登记的港口是渔业船舶的船籍港。船首两舷和船尾部标写的船名必须清晰可见，禁止无名船舶（图 7-4）。

无名渔业船舶

图 7-4　无名船舶

1. 船名申请

下列情形之一的渔业船舶所有人或承租人，应当向登记机关申请船名：

① 制造、进口渔业船舶的。

② 因继承、赠与、购置、拍卖或法院生效判决取得渔业船舶所有权，需要变更船名的。

③ 以光船条件从境外租进渔业船舶的。

2. 船名核定

登记机关在受理船名申请时，应当审核申请人提交的下列材料：

① 渔业船舶船名申请表，交验渔业船舶所有人或承租人的户口簿或企业法人营业执照。

② 渔业船网工具指标批准书（捕捞渔船的渔业船网工具指标批准书一

般由省级以上人民政府渔业行政部门签发）。

③ 养殖证（养殖证持有人为渔业船舶所有人）。

④ 农业部同意租赁的批准文件（从境外租进的渔业船舶）。

⑤ 申请变更渔业船舶船名的，应当提供变更理由及相关证明材料。

登记机关予以核定的，向申请人核发渔业船舶船名核定书，同时确定该渔业船舶的船籍港，渔业船舶船名核定书的有效期为 18 个月。

（二）所有权与国籍登记

1. 登记机关

渔业船舶所有人应当向户籍所在地或企业注册地的县级以上登记机关申请办理渔业船舶登记。

渔业船舶所有权登记，由渔业船舶所有人申请（图 7-5）。

渔业船舶进行渔业船舶国籍登记，方可取得航行权（图 7-6）。

2. 申请登记提交材料

① 申请渔业船舶所有权登记申请表。

② 渔业船舶所有人户口簿或企业法人营业执照。

③ 取得渔业船舶所有权的证明文件。包括：制造渔业船舶，提交建造合同和交接文件；购置渔业船舶，提交买卖合同和交接文件；因继承、赠与、拍卖以及法院判决等原因取得所有权的，提交具有相应法律效力的证明文件；渔业船舶共有的，提交共有协议；其他证明渔业船舶合法来源的文件。

④ 渔业船舶检验证书、依法需要取得的渔业船舶船名核定书。

⑤ 反映船舶全貌和主要特征的渔业船舶照片。

⑥ 原船籍港登记机关出具的渔业船舶所有权注销登记证明书（制造渔业船舶除外）。

⑦ 捕捞渔船和捕捞辅助船的渔业船网工具指标批准书。

⑧ 养殖渔船所有人持有的养殖证。

⑨ 进口渔业船舶的准予进口批准

图 7-5　渔业船舶所有权登记

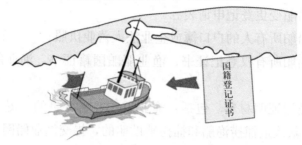

凡在水域航行的我国渔业船舶，
应事先履行船舶国籍登记义务，方可在水域航行

国籍登记证书

图 7-6　渔业船舶国籍登记

文件和办结海关手续的证明。

⑩ 渔业船舶委托其他渔业企业代理经营的，提交代理协议和代理企业的营业执照。

⑪ 原船籍港登记机关出具的渔业船舶国籍注销或者中止证明书（制造渔业船舶除外）。

⑫ 登记机关要求的其他材料。

登记机关准予登记的，向渔业船舶所有人核发渔业船舶所有权登记证书和渔业船舶国籍证书，同时核发渔业船舶航行签证簿，载明船舶主要技术参数。

渔业船舶国籍证书有效期为 5 年。

（三）抵押权登记

渔业船舶所有人或其授权的人可以设定船舶抵押权，渔业船舶抵押权的设定，应当签订书面合同。

登记机关准予登记的，应当将抵押权登记情况载入渔业船舶所有权登记证书，并向抵押权人核发渔业船舶抵押权登记证书。

（四）变更登记

1. 申请变更登记的情形

① 船名。

② 船舶主尺度、吨位或船舶种类。

③ 船舶主机类型、数量或功率。

④ 船舶所有人姓名、名称或地址（船舶所有权发生转移的除外）。

⑤ 船舶共有情况。

⑥ 船舶抵押合同、租赁合同（解除合同的除外）。

2. 申请变更登记提交材料

① 渔业船舶变更登记申请表。

② 渔业船舶所有人的户口簿或企业法人营业执照。

③ 渔业船舶所有权登记证书、渔业船舶国籍证书、渔业船舶检验证书和航行签证簿。

④ 变更登记证明材料。包括：渔业船舶船名变更的，提交渔业船舶船名核定书；更新改造捕捞渔船和捕捞辅助船的，提交渔业船网工具指标批准书；渔业船舶所有人姓名、名称或地址变更的，提交公安部门或者工商行政管理部门核发的变更证明文件；船舶抵押合同变更的，提交抵押合同及补充协议和抵押权登记证书；船舶租赁合同变更的，提交租赁合同及补充协议和租赁登记证书；船舶共有情况变更的，提交共有协议和共有各方同意变更的书面证明。

⑤ 登记机关要求的其他材料。

登记机关准予变更登记的，应当换发相关证书，并收回、注销原有证书。换发的证书有效期不变。

（五）注销登记

1. 申请船舶所有权注销登记的情形

① 船舶所有权转移的。

② 船舶灭失或失踪满 6 个月的。

③ 拆解或销毁的。

④ 自行终止渔业生产活动的。

2. 申请注销登记提交材料

① 渔业船舶注销登记申请表。

② 渔业船舶所有人的户口簿或企业法人营业执照。

③ 渔业船舶所有权登记证书、国籍证书和航行签证簿。因证书灭失无法交回的，应当提交书面说明和在当地报纸上公告声明的证明材料。

④ 捕捞渔船和捕捞辅助船的捕捞许可证注销证明。

⑤ 注销登记证明材料。包括：渔业船舶所有权转移的，提交渔业船舶买卖协议或所有权转移的其他法律文件；渔业船舶灭失或失踪 6 个月以上的，提交有关渔港监督机构出具的证明文件；渔业船舶拆解或销毁的，提交有关渔业行政主管部门出具的渔业船舶拆解、销毁或处理证明；渔业船舶已

办理抵押权登记或租赁登记的，提交相应登记注销证明书；自行终止渔业生产活动的，提交不再从事渔业生产活动的书面声明。

⑥ 登记机关要求的其他材料。

登记机关准予注销登记的，向渔业船舶所有人出具渔业船舶注销登记证明书。

三、水上交通安全管理

《中华人民共和国内河交通安全管理条例》（国务院 2002 年 6 月 28 日颁布，2002 年 8 月 1 日起施行），是内河交通安全管理、维护内河交通秩序的行政法规，主要内容如下：

① 持有渔业检验证书和渔业船舶登记证书，职务船员配备齐全，普通船员持证。

② 船舶在内河航行，应当悬挂国旗，标明船名、船籍港、载重线。按照国家规定应当报废的船舶、浮动设施，不得航行或者作业。

③ 船舶在内河航行，应当保持瞭望，注意观察，并采用安全航速航行。船舶安全航速应当根据能见度、通航密度、船舶操纵性能和风、浪、水流、航路状况以及周围环境等主要因素决定。使用雷达的船舶，还应当考虑雷达设备的特性、效率和局限性。船舶在限制航速的区域和汛期高水位期间，应当按照海事管理机构规定的航速航行。

④ 船舶在内河航行时，上行船舶应当沿缓流或者航路一侧航行，下行船舶应当沿主流或者航路中间航行；在潮流河段、湖泊、水库、平流区域，应当尽可能沿本船右舷一侧航路航行。

⑤ 船舶进出内河港口，应当向海事管理机构办理船舶进出港签证手续。

⑥ 船舶进出港口和通过交通管制区、通航密集区或者航行条件受限制的区域，应当遵守海事管理机构发布的有关通航规定。任何船舶不得擅自进入或者穿越海事管理机构公布的禁航区。

⑦ 船舶应当在码头、泊位或者依法公布的锚地、停泊区、作业区停泊；遇有紧急情况，需要在其他水域停泊的，应当向海事管理机构报告。船舶停泊，应当按照规定显示信号，不得妨碍或者危及其他船舶航行、停泊或者作业的安全。船舶停泊，应当留有足以保证船舶安全的船员值班。

⑧ 船舶、浮动设施遇险，应当采取一切有效措施进行自救。船舶、浮动设施发生碰撞等事故，任何一方应当在不危及自身安全的情况下，积极救助遇险的他方，不得逃逸。船舶、浮动设施遇险，必须迅速将遇险的时间、地点、遇险状况、遇险原因、救助要求，向遇险地海事管理机构以及船舶、浮动设施所有人、经营人报告。

第三节　事故调查处理

《渔业船舶水上安全事故报告和调查处理规定》（农业部 2012 年 12 月 25 日颁布，2013 年 2 月 1 日起施行），是渔业船舶水上安全事故调查处理的法律依据，明确了事故调查的主体、事故调查程序以及事故处理与事故民事纠纷调解等方面的要求。

一、事故种类

渔业船舶水上安全事故，分为水上生产安全事故和自然灾害事故两大类。

1. 水上生产安全事故

水上生产安全事故是指因碰撞、风损、触损、火灾、自沉、机械损伤、触电、急性工业中毒、溺水或其他情况造成渔业船舶损坏、沉没或人员伤亡、失踪的事故。

2. 自然灾害事故

自然灾害事故是指台风或大风、龙卷风、风暴潮、雷暴、海啸、海冰或其他灾害造成渔业船舶损坏、沉没或人员伤亡、失踪的事故。

二、事故等级

渔业船舶水上安全事故分为 4 个等级：

1. 特别重大事故

特别重大事故指造成 30 人以上死亡、失踪，或 100 人以上重伤（包括急性工业中毒，下同），或 1 亿元以上直接经济损失的事故。

2. 重大事故

重大事故指造成 10 人以上 30 人以下死亡、失踪，或 50 人以上 100 人以下重伤，或 5 000 万元以上 1 亿元以下直接经济损失的事故。

3. 较大事故

较大事故指造成 3 人以上 10 人以下死亡、失踪，或 10 人以上 50 人以下重伤，或 1 000 万元以上 5 000 万元以下直接经济损失的事故。

4. 一般事故

一般事故指造成 3 人以下死亡、失踪，或 10 人以下重伤，或 1 000 万元以下直接经济损失的事故。

三、事故信息报告与事故报告书

1. 事故报告

发生渔业船舶水上安全事故后，当事人或其他知晓事故发生的人员应当立即向就近渔港或船籍港的渔船事故调查机关（县级以上渔业行政部门及其渔政渔港监督管理机构）报告。

事故报告的方式主要有电话、互联网、电报等（图 7-7）。

2. 事故报告书

（1）主体　渔业船舶所有人或经营人，是提交渔业船舶水上安全事故报告书的主体。若船舶所有人或经营人失踪的，其有权利或履行义务的人为提交事故报告书的主体。

（2）时间　渔业船舶在渔港水域外发生水上安全事故，应当在进入第一个港口或事故发生后 48 h 内向船籍港渔船事故调查机关提交水上安全事故报告书和必要的文书资料。

船舶、设施在渔港水域内发生水上安全事故，应当在事故发生后 24 h 内向所在渔港渔船事故调查机关提交水上安全事故报告书和必要的文书资料。

（3）内容

① 船舶、设施概况和主要性能数据。

② 船舶、设施所有人或经营人名称、地址、联系方式，船长及驾驶值班人员、轮机长及轮机值班人员姓名、地址、联系方式。

图 7-7　事故报告

③ 事故发生的时间、地点。

④ 事故发生时的气象、水域情况。

⑤ 事故发生详细经过（碰撞事故应附相对运动示意图）。

⑥ 受损情况（附船舶、设施受损部位简图），提交报告时难以查清的，应当及时检验后补报。

⑦ 已采取的措施和效果。

⑧ 船舶、设施沉没的，说明沉没位置。

⑨ 其他与事故有关的情况。

事故当事人和有关人员应当配合调查，如实陈述事故的有关情节，并提供真实的文书资料（图7-8）。

图7-8 事故调查

四、事故调查

事故调查，是为查明渔业船舶水上安全事故发生的经过、原因、造成损害的范围和程度，确定事故的性质和判明事故当事人的责任而依法进行的一系列活动。事故调查需要运用勘查、询问、鉴定、检验等手段来搜集与事故相关的证据材料，分析与事故有关的所有因素，研究渔业船舶水上安全事故发生的各个细节，最终做出客观公正的调查结论。

1. 当事人的权利

① 是否具有事故调查权限。

② 事故调查的人员是否持证。

③ 从事事故调查的人数是否符合规定。

④ 提供事故发生时的证据材料。

⑤ 申请对事故引起的民事纠纷进行调查等。

2. 当事人的义务

① 接受调查询问，如实陈述事故发生情况。

② 如实提供书面材料和证明。

③ 提交船检证书、登记证书、职务船员证书和捕捞许可证等相关证件。

④ 为调查人员收集证据、勘察事故现场提供便利。

⑤ 在不危及船舶自身安全的情况下，将船舶驶抵指定地点接受调查。

⑥ 按要求提供适当的经济担保。

五、事故民事纠纷调解

因渔业船舶水上安全事故引起的民事纠纷，当事人各方在事故发生之日起 30 d 内，可以向负责事故调查的渔船事故调查机关共同书面申请调解。经调解达成协议的，当事人各方应当共同签署《调解协议书》，并由渔船事故调查机关签章确认。

> **读一读**
>
> 事故引起的民事纠纷的解决途径：
> ① 自行和解。② 行政调解。③ 海事仲裁。④ 海事诉讼。

第四节　渔业捕捞许可管理

一、申请捕捞许可证的材料

① 渔业捕捞许可证申请书。

② 企业法人营业执照或个人户籍证明复印件。

③ 渔业船舶检验证书原件和复印件。

④ 渔业船舶国籍证书原件和复印件。

⑤ 渔具和捕捞方法符合国家规定标准的说明资料。

⑥ 登记机关依法要求的其他材料（图7-9）。

图7-9　申请捕捞许可证

从事捕捞作业的单位和个人，必须按照捕捞许可证关于作业类型、场所、时限、渔具数量和捕捞限额的规定进行作业，并遵守国家有关保护渔业资源的规定，大中型渔船应当填写渔捞日志。

二、违法行为的种类

① 未经国务院渔业行政主管部门批准，任何单位或者个人不得在水产种质资源保护区内从事捕捞活动。

② 禁止使用炸鱼、毒鱼、电鱼等破坏渔业资源的方法进行捕捞（图7-10）。

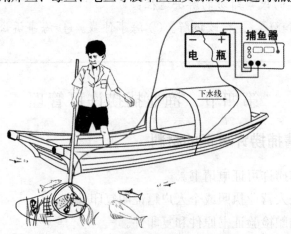

图7-10　电捕鱼

③ 禁止制造、销售、使用禁用的渔具。

④ 禁止在禁渔区、禁渔期进行捕捞（图 7-11）。

图 7-11　非法捕捞

⑤ 禁止使用小于最小网目尺寸的网具进行捕捞（图 7-12）。

图 7-12　非法捕捞幼鱼

⑥ 捕捞的渔获物中幼鱼不得超过规定的比例。

⑦ 在禁渔区或者禁渔期内禁止销售非法捕捞的渔获物。

⑧ 禁止捕捞有重要经济价值的水生动物苗种。

三、内陆捕捞许可证管理

内陆水域捕捞业的船网工具控制指标和管理，由省级人民政府规定。各省之间可能存在差异，其申请所需材料也可能有所不一。

内陆渔业捕捞许可证的使用期限为 5 年。

使用期 1 年以上的渔业捕捞许可证实行年度审验制度，每年审验一次。

第五节 其 他

一、水域环境保护

《中华人民共和国水污染防治法》规定，船舶排放含油污水、生活污水，应当符合船舶污染物排放标准。船舶的残油、废油应当回收，禁止排入水体。禁止向水体倾倒船舶垃圾。船舶装载运输油类或者有毒货物，应当采取防止溢流和渗漏的措施，防止货物落水造成水污染（图 7-13）。

船舶进行涉及污染物排放的作业，应当严格遵守操作规程，并在相应的记录簿上如实记载。

图 7-13 船舶污染

在渔港水域进行渔业船舶水上拆解活动，应当报作业地渔业主管部门批准。

二、水生野生动物保护

《中华人民共和国野生动物保护法》规定保护的水生野生动物，是指珍贵、濒危的水生野生动物珍贵、濒危的水生野生动物以外的其他水生野生动物的保护，适用《中华人民共和国渔业法》等有关法律的规定。

任何单位和个人发现受伤、搁浅和因误入港湾、河汊而被困的水生野生动物时，应当及时报告当地渔业行政主管部门或者其所属的渔政监督管理机构，由其采取紧急救护措施；也可以要求附近具备救护条件的单位采取紧急救护措施，并报告渔业行政主管部门。已经死亡的水生野生动物，由渔业行政主管部门妥善处理。捕捞作业时误捕水生野生动物的，应当立即无条件放生。

任何单位和个人对侵占或者破坏水生野生动物资源的行为，有权向当地渔业行政主管部门或者其所属的渔政监督管理机构检举和控告。

禁止任何单位和个人破坏国家重点保护的和地方重点保护的水生野生动物生息繁衍的水域、场所和生存条件。

　　国务院渔业主管部门主管全国水生野生动物保护工作。国家对野生动物实行分类分级保护，对珍贵、濒危的野生动物实行重点保护。国家重点保护的野生动物分为一级保护野生动物和二级保护野生动物。国家重点保护野生动物名录，由国务院野生动物保护主管部门组织科学评估后制定，并每五年根据评估情况确定对名录进行调整。国家重点保护野生动物名录报国务院批准公布。地方重点保护野生动物，是指国家重点保护野生动物以外，由省、自治区、直辖市重点保护的野生动物。地方重点保护野生动物名录，由省、自治区、直辖市人民政府组织科学评估后制定、调整并公布。

第八章　渔业船员职责与值班制度

第一节　船员职责

一、船员职责

渔业船员在船工作期间，应当履行以下职责：

① 携带有效的渔业船员证书。

② 遵守法律法规和安全生产管理规定，遵守渔业生产作业及防治船舶污染操作规程。

③ 执行渔业船舶上的管理制度、值班规定。

④ 服从船长及上级职务船员在其职权范围内发布的命令。

⑤ 参加渔业船舶应急训练、演习，落实各项应急预防措施。

⑥ 及时报告发现的险情、事故或者影响航行、作业安全的情况。

⑦ 在不严重危及自身安全的情况下，尽力救助遇险人员。

⑧ 不得利用渔业船舶私载、超载人员和货物，不得携带违禁物品。

⑨ 不得在生产航次中辞职或者擅自离职。

二、船长的职责和权力

1. 职责

船长是渔业安全生产的直接责任人，在组织开展渔业生产、保障水上人身与财产安全、防治渔业船舶污染水域和处置突发事件方面，具有独立决定权，并履行以下职责：

① 确保渔业船舶和船员携带符合法定要求的证书、文书以及有关航行资料。

② 确保渔业船舶和船员在开航时处于适航、适任状态，保证渔业船舶符合最低配员标准，保证渔业船舶的正常值班。

③ 服从渔政渔港监督管理机构依据职责对渔港水域交通安全和渔业生

产秩序的管理，执行有关水上交通安全、渔业资源养护和防治船舶污染等规定。

④ 确保渔业船舶依法进行渔业生产，正确合法使用渔具、渔法，在船人员遵守相关资源养护法律法规，按规定填写渔捞日志，并按规定开启和使用安全通导设备。

⑤ 在渔业船员证书内如实记载渔业船员的服务资历和任职表现。

⑥ 发生水上安全交通事故、污染事故、涉外事件和港口检查时，应当立即向渔政渔港监督管理机构报告，并在规定的时间内提交书面报告。

⑦ 全力保障在船人员安全，发生水上安全事故危及船上人员或财产安全时，应当组织船员尽力施救。

⑧ 在不严重危及自身船舶和人员安全的情况下，尽力履行水上救助义务。

2. 权力

船长履行职责时，可以行使下列权力：

① 当渔业船舶不具备安全航行条件时，拒绝开航或者续航。

② 对渔业船舶所有人或经营人下达的违法指令，或者可能危及船员、财产或船舶安全，以及造成渔业资源破坏和水域环境污染的指令，可以拒绝执行。

③ 当渔业船舶遇险并严重危及船上人员的生命安全时，决定船上人员撤离渔业船舶。

④ 在渔业船舶沉没、毁灭不可避免的情况下，报经渔业船舶所有人或经营人同意后弃船，紧急情况除外。

⑤ 责令不称职的船员离岗。

船长在其职权范围内发布的命令，船舶上所有人员必须执行。

三、值班驾驶员职责

渔业船员在船舶航行、作业、锚泊时应当按照规定值班。值班船员应当履行以下职责：

① 必须持有合格的渔业职务证书。

② 上岗前必须经过充分休息，不能因值班人员疲劳而影响安全。

③ 在航船舶值班人员不得饮酒。

④ 熟悉并掌握船舶的航行与作业环境、航行与导航设施设备的配备和

使用、船舶的操控性能、本船及邻近船舶使用的渔具特性，随时核查船舶的航向、船位、船速及作业状态。

⑤ 按照有关的船舶避碰规则以及航行、作业环境要求保持值班瞭望，并及时采取预防船舶碰撞和污染的相应措施。

⑥ 发生渔业船舶水上安全事故，在不危及本船安全的情况下，应全力进行救助。

⑦ 如实填写航海日志。

⑧ 在确保航行与作业安全的前提下交接班。

⑨ 不得从事与值班无关的事项。

第二节　值班制度

一、船舶航行值班制度

1. 开航前的准备

① 船长和值班人员必须持有相应适任证书，检查船员是否全部到位，研究制订安全可靠的航行计划。

② 检查渔需、燃料和生活物资是否备齐，备齐并整理好所需航行图书和表册等资料。

③ 收听天气预报，了解航行水域的气象和水文情况，了解目的港、渔场和需要经过地区的情况，确保航行安全。

④ 检查助渔、助航设备、舵、车钟、航行灯、信号、汽笛及通信设备，确保通信和助航仪器以及保障船舶安全航行的任何设备处于正常的使用状态。

⑤ 办妥所有签证、报关手续。

2. 航行值班

① 渔船航行和作业时，只有船长或值班驾驶员才有权下达舵令；操舵员接到命令后要复诵舵令，执行完舵令后要报告；值班驾驶员接到报告后要回答。命令、复诵、报告和回答要清楚响亮。

② 在任何时候，驾驶室内必须有人值班，并在整个值班时间内保持正规瞭望，注意分析周围来往船舶的动态；在夜间航行时驾驶台和有碍值班人员瞭望的灯光要进行管制（图8-1）。

③ 在值班期间，应充分使用一切可用的助航仪器、陆标和各种定位方

图 8-1　值班瞭望

法确定船位，发现偏离计划航线，应及时修正航向，以确保船舶沿着计划航线航行。

④ 严格遵守避碰规则及有关港章法规，按规定显示号灯、号型。雾中航行应加强瞭望，采用安全航速，按规定施放雾中声号。

⑤ 负责值班的驾驶员应充分了解船上所有安全和航行设备的放置地点和操作方法，了解舵和螺旋桨的控制性能及船舶操纵特性等，并应了解它们在使用时应注意的问题。

⑥ 严格遵守船舶航行规则，充分估计局面（如碰撞、搁浅或其他航行危险），处理好避让关系。

⑦ 值班人员还应了解由于特殊的作业环境可能产生的对航行值班人员的特别要求。

⑧ 值班驾驶员遇到下列情况应报告船长

a. 遇到或预料能见度不良和恶劣天气。

b. 对通航条件或他船的动态产生疑虑。

c. 在预计的时间看不到陆地、航标或者测不到水深，或者看到不明岛屿。

d. 发现火情、人员落水、环境污染、船舶碰撞、水上漂浮物、求救信号等紧急情况。

e. 船舶进出港口、靠离码头、航经狭水道、船舶密集区、冰区。

f. 发生仪器设备故障或者船员应急事故。

恶劣天气中船长应亲自操纵或监督指挥并及时通知甲板、机舱人员采取下列措施：封闭舱口、天窗、舷窗和风筒口；疏通排水系统；将吊杆等放下并固定住；各种活动物件捆紧绑牢，网具收入舷墙内封好；检查主机、辅机、锚机、舵机等是否正常；在严寒天气中航行，应适当调整航速，减少甲板上浪，并及时派人砸冰，做好防冻、防滑工作；随时根据天气预报和水上情况分析天气变化。

3. 交接班

① 值班人员上岗前必须经过充分休息，不得因值班人员疲劳而影响航行安全，在航行期间值班人员不得饮酒。

② 交接班时，接班人员应提前 10 min 上驾驶台做好接班准备。交班人员要确信接班者头脑清醒，并适应了驾驶台的环境后，方可办理交接班手续。

③ 交接班时，必须交清以下内容。

a. 船位、航向、航速、号灯（号型）情况，助航仪器的使用情况。

b. 气象与水文情况，以及接下来可能发生的变化。

c. 本船的作业状况，助渔仪器的使用情况。

d. 周围船舶的动态，航标的识别，下一班可能遇到的危险及有关注意事项的建议。

e. 在望或即将在望的岛屿、航标、水面障碍物及海图标注的附近暗礁、沉船、水中障碍物等情况。

f. 船长布置的且下一班应知道的事项，航行计划的变化和航海警告、通告等。

④ 值班驾驶员遇有下列情况不得交班。

a. 正在采取避让措施时。

b. 正在进行起、放网作业时。

c. 接班人员不称职。

d. 没有找到转向目标或船位不清。

e. 接班者没有完全理解交班内容时。

⑤ 在交接班过程中不免除原值班人员的值班责任，在交接班时间内发生的事故由交班人员负责，交班后发生的事故由接班人员负责。

⑥ 交接班应做到交"清"、接"明"，接班驾驶员应立即核对上班所交的各种情况，发现有误应立即报告船长。

二、船舶停泊值班制度

值班人员应认真执行有关安全规章制度，掌握在船人员动态和值班任务执行情况，经常巡视船舶，了解周围情况，维持船上的正常秩序。

1. 停泊值班要求

① 船舶停泊期间，留守人员一般不少于本船定额船员的 1/2，船舶定额船员少于 6 人的，值班人员应能确保渔船随时移泊。

② 不得从事与值班无关的事项。

③ 发现异常，及时采取措施并报告船长。

④ 按时收听并记录天气预报。

⑤ 不得在船上酗酒、聚众赌博、留他人过夜。

2. 系泊值班

① 值班人员精力要集中，不能睡觉或做其他事情。

② 按《内规》要求显示号灯、号型，聆听或施放雾号。

③ 值班驾驶员负责与港口联系，了解货物装卸和燃料、水补给进度，掌握船舶吃水、浮态等情况。

④ 值班驾驶员应注意系船缆受力和他船靠离情况，发现异常，及时采取措施。

3. 锚泊值班

① 经常检查船位的变化，检查是否有走锚的现象。

② 了解和观测气象、风向、风力、海流和潮汐情况的变化，并要及时根据风向、风力、潮汐、海流等的变化调整锚链。

③ 密切注意周围船舶的动态，过往船舶与本船出现危险局面时，发出规定的声号、光信号，值班人员应果断采取有效措施。

④ 发现走锚或危险迫近时，应立即通知船长，并不失时机地通知机舱备车和全船人员，特别是恶劣天气应提前通知。

第九章　渔业船舶应急管理

第一节　船舶碰撞应急处置

船舶发生碰撞事故后，关键是控制住船体破损处进水，根据碰撞时的具体情况，采取相应措施。

在碰撞不可避免时，首先应考虑如何操纵船舶可减轻损害程度，尽可能避开要害部位，降低船速。然后，船舶碰撞后迅速采取应急措施，确定能否续航或弃船。

一、碰撞后的应急操纵

1. 本船撞入他船

本船以船首撞入他船船体时，立即减速，然后尽力用车舵配合，操纵船舶顶住他船破损处，以减少被撞船的进水量，让被撞船留有相对多的时间来判明情况，采取应急措施。不可盲目倒车脱出，否则会导致被撞船加速进水。在风浪较小且无沉没危险时，还可用缆相互系住，以防脱出，起到堵漏的作用。如被撞船有沉没危险时，则在不严重危及本船和船上人员安全的情况下，应全力施救被撞船乘员和重要物品，并立即脱离。

如果碰撞发生处附近有浅滩，被撞船有沉没危险时，在不严重危及自身安全的情况下，应操纵本船顶其抢滩或顶到浅滩附近由被撞船自力抢滩。

2. 他船撞入本船

作为被撞船应尽量使船停住，以利两船保持撞击咬合状态，减少进水，并应立即采取堵漏应变部署。若两船无法保持撞击咬合状态，应尽力操纵船舶使破损处处于下风侧，减少波浪的冲击和进水量并有利于实施堵漏作业。

二、碰撞后的应急处置

（一）应变部署

船舶发生碰撞造成船体破损后，全体船员按应变部署进行排水堵漏的抢救工作。

① 船长应指挥船副和轮机长检查破损部位和受损情况，包括进水、人员伤亡、污染等情况；其他船员按应变部署职责携带好规定的器材迅速到指定地点集合。

② 机舱人员检查机舱情况，尽力保持船舶动力，准备排水设施，随时准备按命令排水。

③ 值班船员按船长指示，发出求救信号，同时备妥应急电台或其他应急通信设备，加强与外界联系。

④ 碰撞后，应立即报告渔政渔港监督管理机构，并按船舶海事处理程序办理有关事宜，报告事故的性质、原因、经过及结果。

（二）排水与堵漏

1. 排水

进水舱室确定后，应立即关闭邻近舱室的水密门窗，并立即组织人员排水。

2. 堵漏

船舶破损部位、漏洞大小和形状确定后，应立即采取堵漏措施。根据破口情况组织堵漏抢救。如是小口漏水，可先打进适当的木栓或楔子，再用帆布或堵漏用的专用工具进行堵漏作业。如果一个船舱无法堵漏时，应与相邻舱室采取密闭隔离加固措施。

（三）调整纵横倾

船舶进水后，船体必然会发生纵横倾的变化及稳性高度的改变。为了保持比较合理的纵横倾和稳性，就必须利用移动重物、排出或调驳油水来进行调整。

（四）碰撞后的航行

1. 自力续航

碰撞船舶经全面检查，确认续航中不会出现危及船舶安全的情况时，且机舱状况良好，船体破损部位经过堵漏、加强后进水得以有效控制，排水畅通，仍保留有一定的储备浮力，浮性符合航行要求，救生设备完整无损，才可自力续航至最近港口进行检修。

2. 拖航

对于不能自力续航的船舶，则必须请救助船或其他船舶拖航至附近港检修。

3. 抢滩

船舶面临沉没危险时利用附近浅滩主动搁浅，以争取时间实施自救或等待救援而避免沉没。

抢滩、出滩作业步骤：

① 抢滩前可以利用压舱水来调整船舶吃水差与抢滩处坡度相适应。

② 抢滩一般多取船首上滩方式。抢滩时应保持船身与等深线尽量垂直，适时停车、慢速接近，使船体和缓地擦滩而上。

③ 抢滩后应尽快把漏洞堵好或初步修复，排尽积水，待天气好转并于高潮来临前做好出滩准备。

④ 出滩时，打出压载水和减少货物，配合倒车，或在算出倒车拉力不能出滩时，应请足够功率的拖船协助出滩。

4. 弃船

船舶发生碰撞事故后，当堵漏无效又无处抢滩，在船舶沉没不可避免的情况下，船长可做出弃船决定，轮机长应带走重要文件，并将锅炉停火、放掉气压、关闭通风机和油柜等。

第二节　船舶触损应急处置

船舶触损是指船舶触碰岸壁、码头、航标、桥墩、钻井平台等水上固定物或沉船、木桩、渔栅、潜堤等水下障碍物，以及触礁、搁浅等，造成船舶损坏或沉没以及人员伤亡。

搁浅是指船舶搁在因误入水深小于其吃水的浅滩上或因故搁在河床浅处、失去浮力、不能行驶的事故。

触礁是指船舶在航行中触碰礁石、水下物体或冰块等，造成船舶受损、漏水或沉没的意外事故。

一、触损的主要原因

① 由于船长和驾驶员的航行疏忽。

② 由于风、浪、流的影响导致船舶偏离航线造成船舶触损。

③ 在有限的水域中为避免与他船发生碰撞而造成船舶触损。

④ 为了防止船舶自身的沉没而故意造成船舶触损（如抢滩）。

二、搁浅后的应急措施

船舶搁浅后应果断采取下列措施：

① 立即停车，切不可盲目倒车，同时显示号灯、号型，并及时发出警报。

② 检查搁浅情况。

船舶搁浅状况：船舶搁浅前后吃水及吃水差；测量油舱、水舱情况；各舱货物状况；船舶倾斜情况。

船舶搁浅/触礁受损状况：搁浅部位破损进水情况；操舵装置和主机的受损状况。

船舶搁浅/触礁位置地形、地貌和气象状况：水域的底质及崎岖不平程度；搁浅时涨、落潮情况，高潮时间及船舶周围水深变化；潮流、流向、流速；天气、风向、风速及风浪情况。

③ 确定浅滩或礁石的准确位置。

④ 组织人员及时采取必要的排水、堵漏或者封闭舱室措施，同时应尽最大努力保护推进器和舵处于完好状态。

⑤ 根据潮汐和气象情况，确定出浅或离礁时间，力争在天气变坏前出浅、离礁，或者采取抗风措施，在强流方向抛锚及卸下吊杆支撑船舶，防止险情恶化。

⑥ 根据具体情况，制订脱浅方法。

a. 倒车脱浅。如搁浅轻微，船体和车舵无损，在高潮时争取倒车出浅、离礁。

b. 移动重物调整船舶纵横倾斜角度，以保持船舶平衡脱浅。

c. 受绞锚具脱浅。如锚机拉力不够，可用起网机帮助绞锚。

d. 卸载脱浅。减轻船舶压力，再用倒车等方法出浅。

e. 外援脱浅。如上述方法都无法脱浅，或者船舶破损严重不具备自行脱浅条件，应等待应急救援，同时做好临时固定舱位的工作。

⑦ 船舶脱浅后，应对船体以及机具设备进行全面检查。还要将搁浅时间、地点、气象、航道情况、所采取的措施及效果、船舶及货物损失等情况进行详细记录。

三、触礁后的应急措施

① 船舶触礁以后应立即采取措施，确定舱位，了解触礁处的水深、河床底质。

② 检查船体损伤的部位及损伤的程度，舵、推进器的适航状况等。

③ 船舶触礁以后，船壳已破裂进水还能航行时，应迅速驶向附近浅滩搁浅，或经抢救无法脱险导致搁浅，采取搁浅应急措施。

第三节　船舶火灾应急处置

船舶火灾预防的关键是人为因素，船舶消防的重点是预防。当船舶火灾发生后，船员消防训练有素，消防设备管理到位，能够将船舶火灾所造成的损失降到最低程度。

一、消防设备

根据国家渔船检验部门的检验规则，渔业船舶必须按照有关规定配备足够数量及效用良好的消防设备。船舶消防设备可以分为两大类即移动消防设备和固定消防系统。

移动消防设备主要是灭火器。灭火器是扑灭初起小火的有效工具，渔船上各主要处所都应配备，取用十分方便，灭火器的种类很多，它们的构造、性能和适用各不相同。渔船最常见的有化学泡沫灭火器、二氧化碳灭火器、干粉灭火器等。

(1) 化学泡沫灭火器　用于扑灭油类液体的初起小火，容量一般为 10 L，内装碳酸氢钠与发泡剂及水溶液溶解成的碱性溶液，而瓶胆内装酸性药液。

使用注意事项：提取要平稳，防止两种药液混合；颠倒后无药液喷出应将筒身平放在地疏通喷嘴，切不可旋开筒盖；若容器内部液体着火，应将泡沫喷在容器壁上使其平稳的覆盖在液面上，同时用水冷却容器四周。每次用后用清水清洗所有零件并换装新药，填写好换药日期以备再用。装药一年后必须检验药液的发泡倍数及其持久性，若低于要求应换新药。

(2) 二氧化碳灭火器　可用于扑救图书资料、文件、贵重仪器等的火灾及少量的油类火和一般物质的火灾。汽化时温度可低于 −78.5 ℃，使用时要戴棉手套，动作要迅速、准确，喷射要连续以防复燃。切不可将灭火器颠倒使用，也不可站在下风口使用。在空气流畅的地方应注意喷射方向。一般喷口距火焰 3 m 左右。二氧化碳减少 1/10 时应补充。

（3）干粉灭火器　以二氧化碳为驱动气，主要用于扑救电器火、油类火以及可燃气体引起的火灾。每年检查干粉质量及二氧化碳瓶重，减少 1/10 时应及时补充。

灭火器的使用如图 9-1 所示。

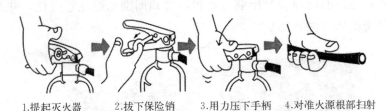

1.提起灭火器　　2.拔下保险销　　3.用力压下手柄　　4.对准火源根部扫射

图 9-1　灭火器的使用方法

船用固定灭火系统有很多种，渔业船舶一般采用水灭火系统。水灭火系统通常称为消防系统，由消防泵、消防管路、消火栓、消防水带和消防水枪组成。

二、船舶引起火灾的主要原因

渔业船舶防火工作主要靠加强防火意识，严格遵守防火制度，防患于未然。渔业船舶火灾发生的原因有很多，主要有以下几种：①燃料的自燃；②焊接或气割作业；③吸烟；④电器漏电或短路；⑤烟囱火星；⑥摩擦火星；⑦油污或溢油起火。

三、船舶火灾特点

① 由于船舶结构较为复杂，发现火灾往往较晚，而且灭火作业较为特殊和困难。

② 采用灌水灭火时，会使船舶稳性发生变化，灌水过多可能引起船舶沉没、倾覆。

③ 机舱失火在火灾中占比最高。机舱内除各种油和沾油棉纱等可燃物外，还有锅炉、发动机和排气管等热源，一旦操作不慎，就有可能失火。

④ 起居处材料大多具有可燃性，易蔓延。

⑤ 船员灭火作业专业程度较低，航行中发生火灾，短时间内很难得到他船救援。

四、航行中发生火灾的处置

① 发出消防应变信号。

对内：乱钟或连续鸣放短声汽笛 1 min，之后再以鸣船钟次数指示火灾发生地点，如前部、中部、后部、机舱和上甲板着火，应分别鸣船钟一、二、三、四、五响。

对外：通过通信设备放出航行警告，通知周围船舶注意避让，并及时报告岸上救援机构（图 9-2）。

图 9-2　船舶失火应及时报告

② 全船人员按应变部署迅速到指定地点集合待命，按具体分工投入灭火工作。

③ 查明火源、火灾性质、燃烧面积及火势，确定灭火方案。

④ 根据火源地点，操纵船舶使其处于下风侧。可能的话，还应尽量降低船速，避免急剧转向，以免火势加剧。

⑤ 可采取下列灭火措施。

a. 立即切断通往火区的油路和电路。

b. 确信火区内无人后，关闭火灾舱室中所有门窗、通风设备，以阻止空气流入。

c. 根据火灾性质选择合适的灭火器进行灭火。用消防水喷射灭火时应注意排水。

d. 将火场附近的易燃物品迅速隔离，并应对隔舱壁喷水降温。对易燃易爆及其他危险货物应采取果断处置措施。

　　e. 如采用封闭窒息法灭火，不能急于开舱或通风，以防复燃。

　　f. 在自行灭火无效后或察觉无法有效控制火势时，应请求外援或弃船。

第四节　人员落水应急处置

　　渔船在航行或捕捞作业过程中，不慎有人落入水中，不及时营救，会有生命危险。因此，有人落水，发现人应立即采取营救措施。

　　人员落水险情是指船舶发生事故、船员发生意外或其他原因造成人员落水的险情。

一、人员落水险情的特点

　　落水人员的体力消耗很快，尤其是低温水域更是如此。因此在发现有人员落水时应注意及早进行施救。不穿保护服的落水者在不同水温中的可生存时间见表 9-1。

表 9-1　水温与生存时间对照表

水温（℃）	低于 2	2～4	4～10	10～15	15～20	大于 20
生存时间	0.75 h 以下	1.5 h 以下	3 h 以下	6 h 以下	12 h 以下	视疲劳程度

二、人员落水应急措施

　　① 船员发现人落水，应立即大声呼叫"左（右）舷有人落水"，并报告驾驶台。

　　② 全船警报、施救。

　　a. 值班驾驶员立即停车，发出人员落水警报（鸣放三长声信号），派专人瞭望。

　　b. 船员按应变部署表施救落水人员。

　　c. 通知机舱备车，向落水者一舷操满舵，摆开船尾，防止螺旋桨桨叶触及落水者。

　　③ 情况报告。

　　a. 向岸上救援机构报告，报告船名、落水人数、船位、落水时间、天气情况等。

b. 向周围船舶发布人员落水警报，便于他船协助搜救。

④ 根据不同外界环境，通知机舱备车，采用旋回方法进行搜救（图9-3）。

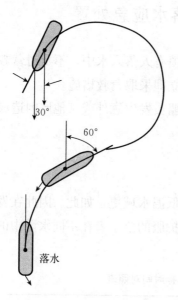

① 立即停车，向落水者一舷操满舵并进车加速。

② 当转向角达到60°时操相反一舷满舵。

③ 船首距原初始舵向的相反方向相差20°～30°时回正舵。

④ 待船舶航向变为初始航向的相反方向时把定舵向，搜救落水者

图9-3 旋回搜救

⑤ 搜救完成。

a. 如搜救成功，向周围船舶播报和岸上援助机关报告搜救结果，解除人员落水警报；如果人员失踪请求加强搜救力度。

b. 如果人员失踪请求加强搜救力度和扩大范围。

c. 将实际情况进行详细记录。

第五节　弃船应急处置

弃船是指船舶遇险经过全力抢救后，仍不能摆脱危机局面而有沉船危险时，利用本船或他船的救生设备使船员安全离开险船。

一、弃船前的行动

弃船的情况紧急，切勿惊慌混乱，要严守纪律，船长应按照应变部署统一指挥，船员应服从命令，各司其职，有条不紊地进行各项弃船工作。

1. 弃船前的行动

① 船长发布弃船命令，若时间许可，船长应简要介绍情况，进行扼要动员，如图9-4所示。

② 发出遇险信号和求救信号。

③ 携带重要文件，包括国旗、重要文件、证书等。

④ 船员按应变部署到指定地点集合待命。

图9-4　弃船行动前的扼要动员

⑤ 轮机长接到撤离命令后，应指挥和处理防污防爆工作，如关闭油路、切断电路、关闭机器等。

⑥ 船长做好弃船指挥工作，并最后一个离船。

2. 船员集合前的行动

船员听到弃船命令后，去指定地点集合以前，应尽可能适当多穿衣服，穿妥救生衣，多吃和收集食物、淡水。

二、弃船时的行动

① 船舶横倾时应从首或尾离开。避免从高舷处下水，因容易触及舭龙骨；从低舷处下水，当船倾覆时不易游开。

② 弃船人员从船的上风舷下水，防止船体下沉时被漩涡吸入，下水后应尽快游开。

③ 避免从高处跳入水中，避开水面上的漂浮物，需要跳水时，应尽量选择低处，做好求生跳水姿势，跳入水中。

④ 水中人员集合待救，搜集救生圈等漂浮物，应游离遇难船200 m以外适当的地方，人员集中可以相互帮助，容易被人救助。

第六节　应变部署

一、应变信号

船舶应变类型和应变信号鸣放方法如表9-2所示。

表 9-2 应变类型及信号鸣放方法

应变类型	信号鸣放方法
弃船（求生）	······—（六短一长），用汽笛或警报器连鸣放 1 min
进水（堵漏）	··—（二短一长），用汽笛或警报器连续鸣放 1 min
人员落水	———（三长）
自左舷落水	———··（三长二短）
自右舷落水	———·（三长一短）
火灾	乱钟或连续鸣放短声汽笛 1 min，之后再以鸣船钟次数指示火灾发生地点
前部着火	乱钟后敲一响
中部着火	乱钟后敲二响
后部着火	乱钟后敲三响
机舱着火	乱钟后敲四响
上甲板	乱钟后敲五响
警报解除	—（一长），用汽笛或警报器连续鸣放 1 min

二、应变部署

应变部署明确警报信号的细节，以及在发出报警时船员应采取的行动，写明每个船员必须到达的岗位以及必须执行的任务，指明关键人员受伤后的替换人员，要考虑不同的紧急情况需要采取不同的行动，关键岗位指派经验丰富和技术娴熟的最佳人选。

应变部署表应张贴在驾驶台、机舱、餐厅等船员集合的场所。

任何船员发现船舶发生紧急情况时，应立即向船长或值班驾驶员报告。

1. 消防

① 值班驾驶员收到火灾报警后，拉响火灾警报，船长任总指挥。

② 全体船员听到警报信号后应于 2 min 内到达各自岗位，听候指挥。

③ 值班人员应按船长命令行动，确保与外界通信畅通，操纵船舶并使失火部位处于下风。

④ 准备消防皮龙，取出灭火器，并准备就绪。

⑤ 轮机长切断火灾区域的电路、油路，关闭通风系统。

⑥ 船副任现场指挥，组织灭火。

2. 人员落水

① 值班驾驶员拉响人员落水警报，向人员落水一舷操满舵。

② 全体船员听到警报信号后应于 2 min 内到达各自岗位，听候船长指挥。

③ 准备救生圈、竹篙等营救设备。

④ 值班驾驶员按照船长指令向外界报警，操纵船舶前往落水区域进行搜寻，接近落水者。

⑤ 船副组织营救，对落水人员进行保暖、照料。

3. 船体进水

① 值班驾驶员拉响进水警报，船长任总指挥。

② 全体船员听到警报信号后应于 2 min 内到达各自岗位，听候指挥。

③ 值班人员应按船长命令行动，确保与外界通信畅通。

④ 船副和轮机长检查船舶破损部位，进行报告。

⑤ 准备堵漏设备，并关闭水密门。

⑥ 船副任现场指挥，组织堵漏。

4. 弃船

① 警报发出后，船员迅速到集合地点报到。

② 值班驾驶员按照船长指令对外发布遇险信号，请求支援。

③ 船副查看船员穿着是否合适，是否正确穿好救生衣。

④ 施放救生设施，获取救生圈。

⑤ 船长携带通信设备、国旗以及重要文件等。

紧急情况处理完成后，船长应将事故情况、采取的应急处置措施，以及最终结果进行详细记录。

第七节　应急演练

一、应急演练

应急演练包括船舶消防、水上求生、人员落水、堵漏和弃船救生等，定期举行应急演练，目的是提高船长及船员在紧急情况下的应急反应能力，加强全船的组织协调能力、技术素养，以避免事故发生或尽可能减轻事故造成的损失。

每一位船员应做到以下几点：

① 掌握消防、求生、急救、堵漏和防油污等设备的操作技能。

② 熟悉发生紧急情况时的职责，并携带规定应急器材到指定地点。

③ 服从指挥，确保应急措施的有效性。

二、救生演练的程序

① 鸣放人员落水信号。

② 每位船员迅速穿好救生衣，迅速前往指定地点集合。

③ 船长进入驾驶室，担任指挥，宣布演习命令。

④ 船副组织船员，进行搜救，准备好救生设备。

⑤ 船长按船员的报告，将船驶往落水者，发现落水者后应减速停车，将落水者置于下风舷。

⑥ 船员向落水人员抛投带救生绳的救生圈于落水者上风舷，切记不能击伤落水者（图9-5）。

⑦ 落水者抓住救生圈后，收救生绳将落水者拉至船舷，协助落水者爬上船，此时切记主机不能动车。

⑧ 待听到演习完毕信号时，检查救生设备，收回，放在原来位置。

图9-5 抛投救生圈

三、其他演练

船舶消防、水上求生、人员落水、堵漏和弃船救生等演习，可以设想火场、人员落水、漏洞位置等情况，按应变部署表进行消防、救生、堵漏演练。

举行应变演练后，船长进行总结，对存在的不足予以指正，详细记录有关事项：①演练时间；②内容和项目；③设备检查情况；④操作与训练情况等。

四、演练周期

① 救生、船舶消防演练每月进行一次。

② 堵漏演习每6个月进行一次。

③ 主机失控、全船断电、人员落水/搜救、碰撞、搁浅、人员伤病每年进行一次。

参考文献

陈晓翔，杨学辉，2010. 船舶管理 [M]. 大连：大连海事大学出版社.

龚雪根，2009. 船舶管理：驾驶专业 [M]. 大连：大连海事大学出版社.

胡永生，陈耀中，2011. 渔船驾驶与轮机管理 [M]. 西安：陕西人民出版社.

胡永生，刘夕明，2008. 渔船驾驶技术 [M]. 北京：中国农业出版社.

王明新，2005. 船舶驾驶 [M]. 北京：海洋出版社.